EUL VERLAG

EINZELSCHRIFTEN

Marco Gießmann

Komplexitätsmanagement in der Logistik – Kausalanalytische Untersuchung zum Einfluss der Beschaffungskomplexität auf den Logistikerfolg

Lohmar – Köln 2010 • 432 S. • € 68,- (D) • ISBN 978-3-89936-964-9

Josef Kloock, René Groeneveld und Helmut Maltry

Grundlagen des Rechnungswesens und der Finanzierung

2., überarbeitete Auflage

Lohmar – Köln 2010 • 288 S. • € 29,- (D) • ISBN 978-3-89936-972-4

Gereon Pieper

Bilanzierung von Pensionsrückstellungen nach BilMoG unter Berücksichtigung der eingeräumten Übergangsregelungen

Lohmar – Köln 2010 • 136 S. • € 43,- (D) • ISBN 978-3-89936-973-1

Mathias Osann

Freiwillige Berichterstattung über immaterielle Ressourcen – Ein deskriptiv-explikatives Mehrebenenmodell

Lohmar – Köln 2010 • 332 S. • € 63,- (D) • ISBN 978-3-89936-976-2

Holger Behrendt

Regionale Analyse der Mortalität in den alten und neuen Bundesländern – Eine vergleichende Untersuchung über die räumliche Variabilität der Sterblichkeit in der Bundesrepublik Deutschland und ihre potenziellen Einflussfaktoren mit einem zeitlichen Analyseschwerpunkt zwischen 1998 und 2004

Lohmar – Köln 2010 • 504 S. • € 73,- (D) • ISBN 978-3-89936-979-3

Richard Vahrenkamp

Von Taylor zu Toyota – Rationalisierungsdebatten im 20. Jahrhundert

Lohmar – Köln 2010 • 212 S. • € 55,- (D) • ISBN 978-3-89936-983-0

Christine Junior

Analyse thermoelektrischer Module und Gesamtsysteme

Lohmar – Köln 2010 • 152 S. • € 47,- (D) • ISBN 978-3-89936-987-8

Analyse thermoelektrischer Module und Gesamtsysteme

Von der Fakultät für Maschinenbau
der Technischen Universität Carolo-Wilhelmina zu Braunschweig

zur Erlangung der Würde
eines Doktor-Ingenieurs (Dr.-Ing.)

genehmigte Dissertation

von: Christine Junior
aus: Marburg a. d. Lahn

eingereicht am: 10. Mai 2010
mündliche Prüfung am: 30. September 2010

Referenten: Prof. Dr.–Ing. Jürgen Köhler
Prof. Dr. rer. nat. habil. Andreas Waag
Vorsitzender: Prof. Dr.–Ing. Klaus Dilger

2010

Dr.-Ing. Christine Junior

Analyse thermoelektrischer Module und Gesamtsysteme

EUL VERLAG

Analyse thermoelektrischer Module und Gesamtsysteme

Die vorliegende Arbeit beschäftigt sich mit der Untersuchung und Modellierung thermoelektrischer Module und Systeme, wie sie sowohl für Heiz- und Klimatisierungszwecke, als auch für die Stromerzeugung zum Einsatz kommen. Neben der Modellerstellung und Simulation der Module und Systeme sind auch die in den Halbleiterschenkeln auftretenden Irreversibilitäten von Interesse. Es wird gezeigt, dass die einzelnen Verluste mit guter Genauigkeit durch eine Modellierung mit temperaturunabhängigen Materialparametern detailliert bestimmt werden können.

Unter der objektorientierten und gleichungsbasierten Modellierungssprache Modelica wird ein detailliertes Modell entwickelt, welches explizit zwischen den thermischen und elektrischen Widerständen der einzelnen Komponenten Halbleitermaterial, Lot, Kupferverbindung und Isolator unterscheidet. Hinsichtlich des Einsatzes als thermoelektrischer Generator wird das Modell mit der Möglichkeit zur Segmentierung der Halbleiterschenkel und der Anbindung an eine entsprechende Materialbibliothek versehen, so dass die Schenkel in mehrere Abschnitte, bestehend aus unterschiedlichen Materialien, unterteilt werden können.

Die Validierung des Modells erfolgt mittels experimenteller Daten, welche unter definierten Randbedingungen an verschiedenartigen, eigens dafür gebauten Prototypen aufgenommen werden. Unter Vorgabe der charakteristischen Parameter des eingesetzten Halbleiters und der in den übrigen Bauteilen verwendeten Materialien werden alle zwischen den Kontaktstellen der einzelnen Komponenten auftretenden Temperaturen und Wärmeströme berechnet. Das Simulationsmodell ist somit in der Lage, das Betriebsverhalten von thermoelektrischen Wärmepumpen und auch thermoelektrischer Generatoren abzubilden, sowie das Potential thermoelektrischer Systeme zu identifizieren. Es wird exemplarisch in zwei Applikationen angewendet, wobei der effiziente Einsatz eines thermoelektrischen Systems in einem Kondensations-Wäschetrockner und im Abgasstrang einer Biogasanlage erfolgreich dargestellt werden kann.

Die Arbeit trägt zu einem tieferen Verständnis über das Zusammenspiel der in einem thermoelektrischen Modul verbauten Komponenten und die Eignung der darin eingesetzten Materialien bei. Dies ist eine notwendige Voraussetzung, um die Fertigung optimierter thermoelektrischer Module zu beschleunigen und den Einsatzbereich thermoelektrischer Systeme in der Zukunft signifikant zu vergrößern.

Analysis of Thermoelectrical Modules and Systems

The following work is concerned with the investigation and modeling of thermoelectric modules and systems as they are used both in heating or cooling applications and energy generation or waste heat recovery systems.

Besides the development of a detailed model and the simulation of modules, systems irreversibilities that are occurring inside the semiconductor legs are of particular interest. It is shown that the detailed determination of the very same can be carried out with good accuracy by using a model with temperature independent material properties.

By employing the object oriented and equation based modeling language Modelica a detailed model is developed, which distinguishes explicitly between the thermal and electrical resistances of the module components semiconductor leg, solder, metal strip and isolator. In regard of the utilization as thermoelectrical generator the model is supplied with the possibility to divide the semiconductor legs in several segments made of different materials and a link to a corresponding material library.

The validation of the model is based on experimental data, which are obtained in measurements that are carried out under defined boundary conditions using various, self-made prototypes. By providing the model with the required input parameters of the semiconductor material properties as well as data of materials used in the remainder of the components, the temperatures and heat fluxes that are occurring at the contact points between the components are determined.

Thus the simulation model has the ability to display the operating performance of thermoelectric heat pumps as well as thermoelectric generators, plus can be utilized to identify the potential of thermoelectric systems. It is implemented in two exemplary applications in which the efficient usage of a thermoelectric system in a domestic tumble dryer and inside the exhaust line of a biogas plant is shown successfully.

The here presented work fosters the deep understanding of the interaction of the components which are obstructed in a thermoelectric module and the eligibility of the materials used therein. The results are necessary to accelerate the fabrication of optimized thermoelectric modules and to significantly enhance future fields of application for thermoelectrical systems.

Inhaltsverzeichnis

1 Einleitung

1.1 Motivation

Der stetig wachsende, globale Energieverbrauch und die Erwärmung des Erdklimas sind in den letzten Jahren zunehmend in das Bewusstsein der Öffentlichkeit gerückt. Insbesondere das Schwinden natürlicher, fossiler Brennstoffquellen und die Umweltverträglichkeit synthetischer Kältemittel stehen hierbei im Vordergrund und werden seit Jahren intensiv diskutiert. Dieses neue Umweltbewusstsein spiegelt sich auch in der Gesetzgebung wider, welche der Industrie die Reduzierung von Verbrennungsabgasen sowie den Austausch von ozonschädlichen Treibhausgasen vorschreibt.

Die Kombination aus politischen, gesellschaftlichen und wirtschaftlichen Interessen hat zur Intensivierung von Forschungsaktivitäten auf dem Gebiet alternativer Energiesysteme geführt, wobei speziell Anwendungen für die Bereiche Klimatisierung, Heizung und Energierückgewinnung großes Interesse entgegengebracht wird. Im Zuge dieser Entwicklung rückten thermoelektrische Materialien und Module erneut in den Fokus des Interesses, da sie in der Lage sind, ein elektrisches Potential in eine Temperaturdifferenz umzuwandeln bzw. bei einer angelegten Temperaturdifferenz ein elektrisches Potential zu erzeugen. Aufgrund dieser Eigenschaften können thermoelektrische Systeme sowohl zum Heizen und Kühlen als auch für die Energierückgewinnung eingesetzt werden.

Die Thermoelektrik ist eine wohlbekannte und etablierte Technologie, bereits während des 19. Jahrhunderts wurden die in thermoelektrischen Materialien auftretenden Effekte entdeckt und physikalisch beschrieben. Wegen ihrer geringen Wirkungsgrade wurden thermoelektrische Module jedoch von den deutlich effizienteren Kompressionsmaschinen verdrängt und lange Zeit primär in der Biotechnologie, zur Kühlung elektronischer Komponenten, in der Raumfahrt und beim Militär genutzt [1].

Da sich thermoelektrische Module durch eine lange Lebensdauer und bei konventionellen Materialien durch hohe Zyklenfestigkeit sowie ihre Kompaktheit auszeichnen und aufgrund fehlender beweglicher Teile wartungsfrei sind, wurden große Anstrengungen unternommen, um die Effizienz thermoelektrischer Elemente deutlich zu erhöhen und sie auch außerhalb von Nischenanwendungen einsetzen zu können. Kürzliche Erfolge in der Materialentwicklung konnten sowohl die Verbesserung etablierter Halbleitermaterialien [2] als auch die Herstellung neuer, vielversprechender Materialkombinationen

[3] aufzeigen, weswegen der Einsatz von thermoelektrischen Systemen in vielen Anwendungsbereichen neu überdacht wird.

Der Weg von einem verbesserten bzw. neu entwickelten Material bis zur Serienfertigung eines thermoelektrischen Systems ist jedoch lang und beinhaltet einige Klippen, die gemeistert werden müssen. Entgegen der weitläufigen Meinung, dass die Leistungsfähigkeit eines thermoelektrischen Systems nur von der Effizienz des eingesetzten Materials abhängig ist, birgt sowohl der Aufbau der Module als auch deren Einbau in ein Gesamtsystem Probleme, die es eingehend zu betrachten und bestmöglich zu lösen gilt.

Um diese Aufgabe zielgerichtet und systematisch anzugehen und Verbesserungen zu erzielen, reicht es somit nicht aus, allein die thermoelektrischen Materialien zu betrachten. Vielmehr müssen alle im thermoelektrischen Modul verwendeten Bauteile sowie die im Gesamtsystem eingesetzten Komponenten in die Betrachtung einbezogen werden. Simulationsmodelle, die zu diesem Zweck unterstützend eingesetzt werden, müssen dementsprechend detailliert aufgebaut sein, um Parametervariationen und Sensitivitätsanalysen zu systemrelevanten Fragestellungen durchführen zu können.

Gegenstand und Schwerpunkt der vorliegenden Arbeit ist deshalb die detaillierte Modellierung thermoelektrischer Module und die theoretische Betrachtung ihres Einsatzes in zwei repräsentativen Anwendungen.

1.2 Relevanz und Notwendigkeit der Untersuchungen

Die effiziente Bereitstellung und Nutzung von Energie ist für die meisten technischen Anwendungen von großer Bedeutung. In vielen Bereichen bedeutet dies, dass die zugeführte Energie möglichst effizient in eine andere Energieform umgewandelt werden muss, wie z.B. das Verbrennen eines fossilen Kraftstoffs um Antriebsenergie für eine Maschine zu liefern. Sämtliche nutzbare Energie, die durch ineffiziente Umwandlungsprozesse verloren geht, verschwendet wertvolle Ressourcen und wirkt sich negativ auf die Wirtschaftlichkeit des Gesamtsystems aus. Angesichts der drohenden Ressourcenknappheit ist jedoch nicht nur der sparsame Umgang mit den endlichen Energiequellen geboten, sondern auch ihre effiziente Nutzung.

Um das Potential und die Wirtschaftlichkeit einer Anwendung für ein bestimmtes Einsatzgebiet möglichst frühzeitig identifizieren zu können, ist ein hinreichend detailliertes Simulationsmodell notwendig. Für Systemsimulationen bedeutet dies, dass die für eine Optimierung relevanten Parameter aller eingesetzten Komponenten Berücksichtigung finden müssen. In Simulationen thermoelektrischer Systeme wird dem wichtigsten Bauteil, dem thermoelektrischen Modul, bisher jedoch nur wenig Aufmerksamkeit geschenkt. Während z.B. die verwendeten Wärmeübertragermodelle mit einer Vielzahl an Variablen ausgestattet sind, die bei einer Sensitivitätsanalyse in beliebigen

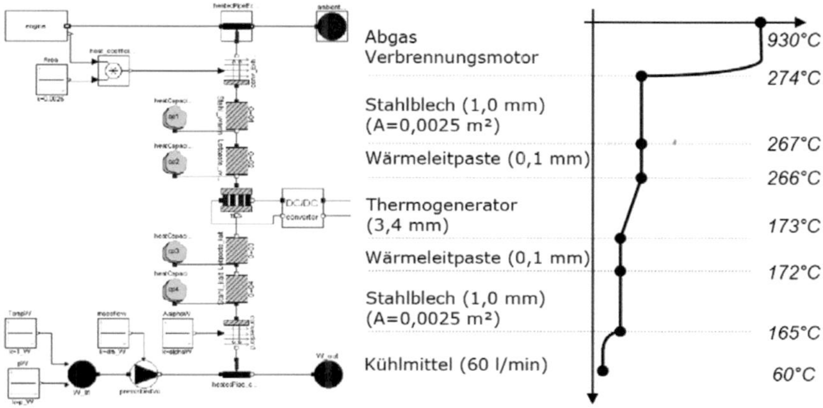

Abbildung 1.1: Konventionelle Simulation für ein thermoelektrisches System [4]

Kombinationen variiert werden können, wird der Aufbau thermoelektrischer Module in solchen Simulationen nur rudimentär berücksichtigt (vgl. Abb. 1.1).

Trotz der Kenntnis darüber, dass es sich bei einem thermoelektrischen Modul um ein durchaus komplexes Bauteil handelt, werden Simulationen thermoelektrischer Systeme weiterhin mit konventionellen Modellen ausgeführt, welche nur die Temperaturen und Wärmeströme an der Oberfläche des Moduls in Betracht ziehen [4-9]. Die hierbei verwendeten Gleichungen basieren auf der Annahme konstanter Materialparameter, so dass die eingesetzten Parameter unabhängig von den am thermoelektrischen Modul auftretenden Temperaturdifferenzen sind. Obwohl allgemein bekannt ist, dass die charakteristischen Materialparameter durchaus deutlich von der Temperatur abhängen, wird die Annahme konstanter Parameter weitläufig verwendet, da sich die Komplexität der Simulation hierdurch deutlich verringern lässt. Der Frage, ob die Verwendung konstanter Materialparameter in einer Simulation zu einem Genauigkeitsverlust und entsprechenden Abweichungen im Vergleich zur Verwendung von temperaturabhängigen Parametern führt, wurde bisher jedoch noch nicht nachgegangen. Nach Kenntnis des Autors existiert bisher nur ein Versuch, diese Fragestellung theoretisch zu untersuchen [10], dessen Ansatz jedoch in Frage gestellt wird [11].

Aufgrund des einfachen Aufbaus können Erkenntnisse aus Untersuchungen, die sich mit Fragen hinsichtlich des Einflusses von Kontaktwiderständen [12-15] oder neuen Aufbau- und Verbindungstechniken [16] beschäftigen, nicht in diese Modelle einfließen. Die Anpassung eines thermoelektrischen Systems an gegebene Randbedingungen und die Identifizierung möglicher Probleme ist daher mit einem solchen Simulationsmodell nur bis zu einem gewissen Grad möglich. Eine genaue Kenntnis über die auftretenden Temperaturen, Wärmeströme und Verluste ist jedoch die Grundlage für die gezielte Verbesserung eines Systems, da oftmals bereits geringfügige Veränderungen einzelner Bauteile eine signifikante Auswirkung auf die Systemeffizienz haben können. Um ein thermoelektrisches Modul in einem Detaillierungsgrad darzustellen, welcher mit dem der anderen Bauteile vergleichbar ist, müssen neben den geometrischen Eigenschaften auch die thermischen und elektrischen Widerständen der einzelnen Komponenten Halbleitermaterial, Lot, Kupferverbindung und Isolator in das Simulationsmodell einfließen.

Da der Fokus bedeutender Industriezweige primär auf der Anwendung thermoelektrischer Systeme in der Energierückgewinnung liegt, werden in diesem Bereich vielfältige Untersuchungen unternommen, um die Effizienz eingesetzter Module zu steigern und Systeme an die auftretenden, gleitenden Temperaturänderungen anzupassen. Hierbei stellt vor allem die Segmentierung, d.h. die Übereinanderschichtung verschiedener Halbleitermaterialien, eine vielversprechende Methode dar, welche bereits mit etablierten Materialien erfolgreich getestet werden konnte [17]. Um die neuesten Entwicklungen der Materialwissenschaften in ein entsprechendes Simulationsmodell einbeziehen zu können, ist die Kopplung an eine Materialbibliothek sinnvoll, durch welche die Auswahl und Ermittlung geeigneter Materialkombinationen ermöglicht wird. Da der Wirkungsgrad eines segmentierten Halbleiters durch die Wahl ungeeigneter Materialien negativ beeinflusst werden kann, muss die Eignung der ausgewählten Materialkombination für die auftretenden Betriebsbedingungen innerhalb der Simulation mittels eines Kompatibilitätsfaktors überprüft werden [18].

Der Aufbau eines solchen komplexen Simulationsmodells, welches sowohl in Simulationen zur Energierückgewinnung als auch in Heiz- und Klimatisierungsanwendungen integriert werden kann, ist unerlässlich, um neu entwickelte thermoelektrische Materialien in effiziente Systemanwendungen zu integrieren und den Einsatzbereich thermoelektrischer Systeme über die existierenden Nischenanwendungen hinaus zu vergrößern.

1.3 Ziele der Arbeit und Vorgehensweise

Ziele der Arbeit

Die vorliegende Arbeit befasst sich mit einer detaillierten Betrachtung der in einem Halbleitermaterial auftretenden thermoelektrischen Effekte sowie mit der Erstellung eines detailgetreuen Simulationsmodells für Sensitivitätsanalysen und Optimierungsrechnungen. Um das Potential thermoelektrischer Systeme in unterschiedlichen Anwendungsbereichen darzustellen, wird der Einsatz als thermoelektrischer Generator sowie als thermoelektrische Wärmepumpe beispielhaft betrachtet.

Ausgehend von der in Abschnitt 1.2 motivierten Notwendigkeit der Untersuchungen lassen sich für die Arbeit folgende Ziele formulieren:

- Durchführung von Berechnungen mit konstanten und temperaturabhängigen Materialparametern und Gegenüberstellung der Ergebnisse
- Erstellung eines detaillierten Modells für vollständige thermoelektrische Module, sowohl zum Einsatz für die Energierückgewinnung als auch für Heiz- und Kühlanwendungen
- Implementierung des Modells in Systemsimulationen und exemplarische Anwendung derselben in repräsentativen Einsatzbereichen

Vorgehensweise

Zur Klärung der Frage, ob in Simulationen, welche unter Verwendung konstanter Materialparameter durchgeführt werden, eine nicht zu vernachlässigende Ungenauigkeit in Kauf genommen wird, wird eine grundlegende Betrachtung der im Halbleitermaterial auftretenden Wärmeströme durchgeführt. Den Ergebnissen dieser Betrachtung werden Resultate aus einer äquivalenten Untersuchung mit temperaturabhängigen Materialparametern gegenübergestellt und bewertet. Unter der objektorientierten, gleichungsbasierten Modellierungssprache Modelica wird in der Komponentenbibliothek TIL [19] eine Unterbibliothek mit Modellen für thermoelektrische Wärmepumpen und Generatoren aufgebaut. Dabei wird das bereits bestehende Modell einer thermoelektrischen Wärmepumpe [20] überabeitet und der Detaillierungsgrad deutlich erhöht, so dass explizit zwischen den thermischen und elektrischen Widerständen der einzelnen Bauteile unterschieden werden kann. Ein entsprechend differenziertes Modell für einen thermoelektrischen Generator wird neu aufgebaut und ebenfalls in die Bibliothek eingefügt.

Die Modellkalibrierung erfolgt anhand experimenteller Ergebnisse, welche nach Versuchen mit eigens dafür angefertigten Prototypen zur Verfügung stehen. Bei diesen Prototypen handelt es sich um thermoelektrische Wärmepumpen bzw. Generatoren, die unter anwendungstypischen Randbedingungen vermessen werden. Die hierbei aufgenommenen Daten werden zur Bestimmung charakteristischer Modellparameter verwendet und die Resultate der Simulation den Messergebnissen vergleichend gegenübergestellt.

Nach der Anpassung der Simulationsmodelle wird der effiziente Einsatz thermoelektrischer Systeme anhand von zwei Beispielen exemplarisch aufgezeigt. Hierbei wird das Potential der thermoelektrischen Wärmepumpe für die Anwendung in einem Haushaltswäschetrockner betrachtet sowie die Effizienz eines thermoelektrischen Generators im Abgasstrang einer Biogasanlage untersucht.

1.4 Aufbau der Arbeit

Der Aufbau der Arbeit orientiert sich weitestgehend an der bereits erörterten Vorgehensweise, so dass *Kapitel* 2 die Gegenüberstellung der Ergebnisse aus den Berechnungen mit konstanten bzw. temperaturabhängigen Materialparametern beinhaltet. Desweiteren wird hier ein Überblick über die den Berechnungen zugrundeliegenden Gleichungen und theoretische Grundlagen der Thermoelektrik gegeben.

Kapitel 3 beschreibt die Modellerstellung unter Modelica und widmet sich der detaillierten thermodynamischen und physikalischen Beschreibung thermoelektrischer Module. Um dem derzeitigen Trend hinsichtlich thermoelektrischer Generatoren Rechnung zu tragen, wird das Modell mit der Möglichkeit zur Segmentierung der Halbleiterschenkel und der Anbindung an eine Bibliothek versehen, welche die temperaturabhängigen Parameter gängiger und neuer thermoelektrischer Materialien enthält [21].

In *Kapitel 4* wird die Aufnahme der experimentellen Daten erläutert, wobei auf den Prüfstandsaufbau und die eingestellten Randbedingungen näher eingegangen wird, bevor es zur Diskussion der Ergebnisse kommt.

Kapitel 5 gibt Einblick in den Aufbau der Thermoelektrik-Bibliothek als Teil der Komponentenbibliothek TIL [19] und beschreibt das Vorgehen bei der Modellkalibrierung.

In *Kapitel 6* kommen die thermoelektrische Wärmepumpe und der thermoelektrische Generator in zwei Anwendungen exemplarisch zum Einsatz. Hierbei wurden die Anwendungsszenarien so ausgewählt, dass sie die Vielfältigkeit und das breite Anwendungspotential thermoelektrischer Systeme widerspiegeln.

Kapitel 7 beinhaltet die Zusammenfassung der erzielten Ergebnisse und gibt einen Ausblick bezüglich zukünftiger, weiterführender Arbeiten.

2 Grundlegende Betrachtung und theoretische Überlegungen

Die in thermoelektrischen Halbleitermaterialien auftretenden thermischen und elektrischen Kräfte und ihre gegenseitige Beeinflussung kann auf Basis dreier fundamentaler Effekte thermodynamisch und physikalisch beschrieben werden. Für die Ermittlung der aufgrund dieser Effekte in einem Halbleiterschenkel auftretenden Wärmeströme stehen zwei verschiedene Betrachtungsweisen zur Verfügung, welche sich hinsichtlich ihres Modellierungsansatzes grundlegend unterscheiden.

Im Folgenden werden die elementaren thermoelektrischen Effekte kurz erläutert sowie die in der Modellierung eines einzelnen Schenkels verwendeten Ansätze näher erläutert und miteinander verglichen.

2.1 Thermoelektrische Effekte

Während des Einsatzes zum Heizen und Kühlen oder der Energiegewinnung kommt es in thermoelektrischen Materialien zur Umwandlung von elektrischer in thermische Energie oder umgekehrt. Um diese Vorgänge zu erklären, werden die der Thermoelektrik zugrundeliegenden Effekte herangezogen, welche zwischen 1821 und 1856 von Johann Seebeck, Jean Peltier und William Thomson entdeckt wurden. Die nach ihren Entdeckern benannten Effekte können mit Hilfe des in Abbildung 2.1 dargestellten schematischen Aufbaus eines einfachen thermoelektrischen Moduls, bestehend aus einem Schenkelpaar, erläutert werden.

Das abgebildete Schenkelpaar setzt sich aus einem p-dotierten und n-dotierten Halbleiterpellet (p-Typ und n-Typ) zusammen, welche über einen Metallstreifen miteinander verbunden werden, so dass sie elektrisch in Reihe und thermisch parallel verschaltet sind. Durch Aufprägen einer Temperaturdifferenz bzw. Anlegen einer elektrischen Spannung kommt es in den Halbleitermaterialien zum Auftreten des Seebeck-, Peltier- und Thomson-Effektes, welche im Folgenden genauer erklärt werden.

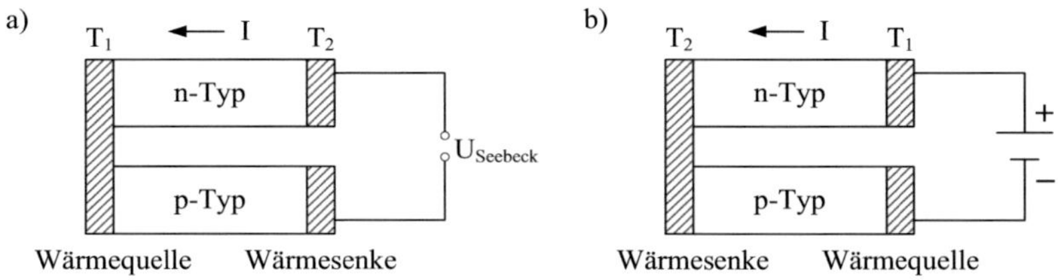

Abbildung 2.1: Schematische Darstellung eines thermoelektrischen Schenkelpaares zur Erläuterung des Seebeck- (a) und Peltier-Effektes (b)

Seebeck-Effekt

Wird an den Seiten des Schenkelpaares eine Temperaturdifferenz $T_1 > T_2$ aufgeprägt, so kommt es aufgrund von auftretenden Diffusionsströmen zur Ausbildung einer elektrischen Spannung (Thermospannung). Die sich ausbildende Thermospannung und der anliegende Temperaturgradient sind über den sogenannten Seebeck-Koeffizienten α aneinander gekoppelt, welcher abhängig von der Art des eingesetzten Materials und der aufgeprägten Temperatur ist. Der Zusammenhang zwischen diesen drei Parametern kann über

$$U_{Seebeck} = \alpha_{n,p} \cdot (T_1 - T_2) \tag{2.1}$$

beschrieben werden, wobei $\alpha_{n,p}$ den differentiellen Seebeck-Koeffizienten der beiden Halbleitermaterialien darstellt.

Peltier-Effekt

Fließt ein elektrischer Strom I durch die verbundenen Halbleitermaterialien, so wird in Abhängigkeit von der Richtung des Elektronenflusses an der einen Kontaktstelle Wärmeenergie aus der Umgebung entzogen, gleichzeitig wird an der anderen ein Wärmestrom an die Umgebung abgegeben. Hierbei kommt es an der einen Seite zu einer Temperaturverringerung ($T_1 < T_U$), während an der anderen eine Temperaturerhöhung auftritt ($T_2 > T_U$). Der sogenannte Peltier-Koeffizient $\Pi_{n,p}$ der beiden Halbleitermaterialien beschreibt dabei den in der folgenden Gleichung angeführten Zusammenhang zwischen der eingesetzten Stromstärke und dem aufgenommenen bzw. abgegebenen Wärmestrom.

$$\dot{Q}_{Peltier} = \Pi_{n,p} \cdot I \tag{2.2}$$

Mit Hilfe der ersten Kelvin-Relation

$$\Pi_{n,p} = \alpha_{n,p} \cdot T \tag{2.3}$$

welche den Peltier-Koeffizienten als das Produkt aus dem materialabhängigen Seebeck-Koeffizienten und der absoluten Temperatur T der betrachteten warmen bzw. kalten Modulseite beschreibt, kann diese Gleichung in die folgende, gebräuchlichere Form dieser Beziehung umgeformt werden.

$$\dot{Q}_{Peltier} = \alpha_{n,p} \cdot I \cdot T \tag{2.4}$$

Thomson-Effekt

Der Thomson-Effekt beschreibt den Wärmestrom, der auftritt, wenn die Halbleitermaterialien unter gleichzeitigem Anliegen eines Temperaturgradienten von einem elektrischen Strom durchflossen werden. Dieser Wärmestrom kann unter Einbeziehung der elektrischen Leitfähigkeit der Halbleitermaterialien $\sigma_{n,p}$ und des materialspezifischen Thomson-Koeffizienten μ über die Beziehung

$$\dot{Q} = \frac{I}{\sigma_{n,p}} - \mu_{n,p} \cdot I \cdot \Delta T \tag{2.5}$$

berechnet werden. Dabei beschreibt der erste Term die Erwärmung der Halbleiter aufgrund der Joulschen Wärme (siehe auch Gl. 2.10) und der zweite Term die Erwärmung bzw. Abkühlung der Materialien durch den Thomson-Effekt, dessen Vorzeichen von der Richtung des Stromflusses abhängt. Mittels der zweiten Kelvin-Relation

$$\mu = \frac{T \cdot d\alpha_{n,p}}{dT} \tag{2.6}$$

lässt sich der Thomson-Koeffizient unter Verwendung des Seebeck-Koeffizienten und der absoluten Temperatur ausdrücken.

Der Thomson-Effekt wird bei Berechnungen häufig vernachlässigt, da er aufgrund der Überlagerung durch die Joulsche Wärme nur schwer nachgewiesen werden kann und ihm aufgrund des kleinen Thomson-Koeffizienten (Größenordnung 10^{-6} V/K) nur untergeordnete Bedeutung beigemessen wird. Dennoch sollte er für die genaue Betrachtung thermoelektrischer Module in entsprechende Berechnungen mit einbezogen werden.

2.2 Ansätze zur energetischen Betrachtung

Die für die energetische Betrachtung an thermoelektrischen Materialien herangezogenen Untersuchungen lassen sich hinsichtlich der dabei zum Einsatz kommenden Materialparameter unterscheiden. Um ein Halbleitermaterial zu charakterisieren, werden typischerweise der Seebeck-Koeffizient α $[\frac{V}{K}]$, die Wärmeleitfähigkeit κ $[\frac{W}{m \cdot K}]$ und der spezifische elektrische Widerstand ρ $[\Omega \cdot m]$ herangezogen.

Diese Eigenschaften sind temperaturabhängig, was bei der Berechnung der aufgrund thermischer und elektrischer Effekte auftretenden Wärmeströme genaugenommen dementsprechend einbezogen werden müsste. Tatsächlich werden Berechnungen und Simulationen jedoch mit Gleichungssätzen ausgeführt, welche die Temperaturabhängigkeit der Materialparameter nicht berücksichtigen und nur mit konstanten Koeffizienten arbeiten. Nach einer kurzen Vorstellung aktueller thermoelektrischer Materialien wird die Theorie der beiden Betrachtungsweisen dargestellt und erläutert.

2.2.1 Thermoelektrische Materialien

Aufgrund der Temperaturabhängigkeit der Materialparameter kann für jedes Material eine optimale Temperatur verzeichnet werden, bei welcher der Gütefaktor $Z = \alpha^2/\rho \cdot \kappa$ bzw. der dimensionslose Gütefaktor $ZT = Z \cdot T$ maximal wird. Dementsprechend muss die Auswahl des in einer Anwendung eingesetzten Halbleitermaterials unter Berücksichtigung der vorherrschenden Betriebsbedingungen erfolgen, damit es effizient zum Heizen und Kühlen oder zur Energierückgewinnung eingesetzt werden kann. Aus diesem Grund gibt es mittlerweile eine Vielzahl unterschiedlichster thermoelektrischer Materialien und Materialverbindungen, deren dimensionsloser Gütefaktor ZT in Abbildung 2.2 in Abhängigkeit von der Temperatur dargestellt ist und die im Folgenden kurz charakterisiert werden.

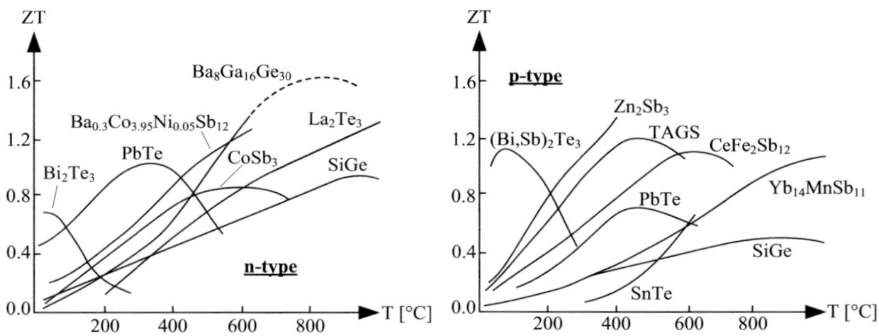

Abbildung 2.2: Abhängigkeit des Gütefaktors ZT verschiedener Halbleitermaterialien von der Einsatztemperatur [22]

- *Wismuttellurid* (Bi_2Te_3) ist das in thermoelektrischen Modulen am häufigsten verwendete Material und kommt vorzugsweise in Anwendungen zum Einsatz, welche bei Raumtemperatur oder bei Temperaturen bis maximal 200°C operieren.

Sowohl für die n- als auch für die p-dotierten Schenkel lassen sich hohe dimensionslose Gütefaktoren im Bereich von 0.8 bis 1.1 verzeichnen [23].

- *Bleitellurid* (PbTe) wird üblicherweise für Anwendungen innerhalb des Temperaturbereichs von 200°C bis 600°C verwendet, wobei es sowohl für p-dotierte als auch für n-dotierte Schenkel Gütefaktoren von bis zu 0.8 aufweist. Durch Beimischung anderer Verbindungen, wie z.B. Silber-Antimon-Tellurid ($AgSbTe_2$), können jedoch auch höhere Gütezahlen (ZT > 1) erzielt werden [23].
- *Siliziumgermanium* (SiGe) ist ein typisches Hochtemperaturmaterial und kommt bei niedrigen Temperaturen nur sehr selten zum Einsatz, da es aufgrund seines geringen Gütefaktors nicht mit anderen thermoelektrischen Materialien konkurrieren kann. Erst ab 500°C weisen n- und p-dotierte Siliziumgermanium-Verbindungen konkurrenzfähige Gütefaktoren auf und erreichen bei ca. 800 °C je nach Dotierung ZT-Werte im Bereich von 0.7 bis 0.9 [24].
- *Skutterudite* zeichnen sich dadurch aus, dass sie eine Kristallstruktur besitzen, welche eine Einheitszelle mit einer im Zentrum unbesetzten Gitterposition aufweist, die durch ein Fremdatom gefüllt werden kann. Sie werden daher auch als Einschluss- oder Käfigeinschlussverbindungen bezeichnet. Es gibt eine große Anzahl Skutterudite mit unterschiedlichen verwendeten Kristallgittern und Fremdatomen, wobei viele Verbindungen vielversprechende thermoelektrische Eigenschaften haben und im Temperaturbereich von 300°C bis 550°C einen maximalen dimensionslosen Gütefaktor von 1 oder größer aufweisen [24, 25]. Bekannte Beispiele für Skutterudite sind das Mineral Kobaltarsenid ($CoAs_3$) sowie die Verbindung Kobaltantimonid ($CoSb_3$).
- *Clathrate* gehören ebenfalls zu den so genannten Käfigeinschlussverbindungen und verfügen dementsprechend ebenfalls über ein Kristallgitter in welche Gastatome lose eingebunden werden können. Wie auch bei den Skutteruditen gibt es eine große Anzahl an unterschiedlichen Clathraten, welche vorwiegend die Elemente Silizium (Si), Germanium (Ge) und Zinn (Sn) beinhalten. Je nach Zusammensetzung werden Clathrate innerhalb eines Temperaturbereichs von 150°C bis 650°C eingesetzt, in welchem sie Gütefaktoren von bis zu 0.87 aufweisen ($Ba_8Ga_{16}Si_{30}$ bei 600°C) [25].
- *Oxide* zeichnen sich durch eine hohe mechanische Festigkeit und sehr gute Temperaturbeständigkeit aus, weswegen sie attraktive Materialien für den Einsatz in Anwendungen mit hohen Betriebstemperaturen darstellen. Die Oxid-Verbindung $NaCo_2O_4$, die bei 780°C einen maximalen Gütefaktor von ZT = 0.78 aufweist [24], ist dabei ein besonders vielversprechendes Material. Aber auch für andere Verbindungen, wie z.B. $Ca_3Co_4O_9$ wurden bereits entsprechende Gütefaktoren gemessen, so dass $NaCo_2O_4$ nicht das einzige Oxid mit guten thermoelektrischen Eigenschaften ist [24].

- *Nanokomposite* sind Materialien aus nanostrukturierten Multischichtstrukturen, deren charakteristische Materialparameter durch die Größe der verwendeten Nanostrukturen oder -partikel beeinflusst werden können. Durch die Nanostrukturierung thermoelektrischer Materialien ist die Verbesserung des Gütefaktors im Vergleich zum entsprechenden Bulk-Material um bis zu 40% möglich [26].

2.2.2 Numerischer Ansatz mit konstanten Materialparametern

Um die in einem Halbleiterschenkel auftretenden Wärmeströme unter Verwendung konstanter Materialparameter zu bilanzieren, wird der erste Hauptsatz der Thermodynamik herangezogen. Dabei wird üblicherweise zwischen der Anwendung als thermoelektrische Wärmepumpe und als thermoelektrischer Generator unterschieden, so wie es in Abbildung 2.3 schematisch dargestellt ist.

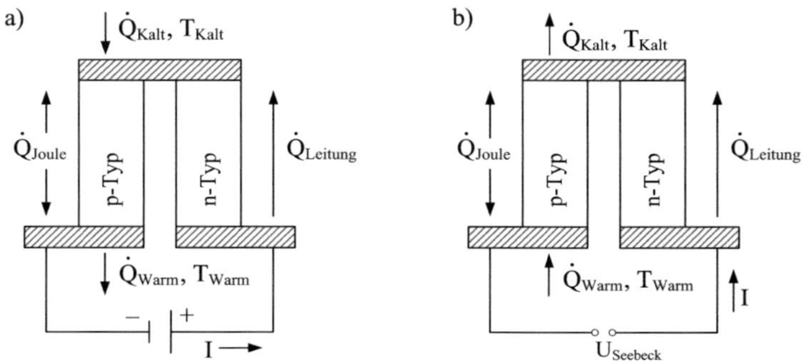

Abbildung 2.3: Thermodynamische Betrachtung der thermoelektrischen Wärmepumpe (a) und des thermoelektrischen Generators (b)

Thermoelektrische Wärmepumpe

Für die Verwendung als Wärmepumpe wird das thermoelektrische Modul an eine externe Stromquelle angeschlossen (vgl. Abb. 2.3 a).

Fließt ein Strom durch das Modul, so tritt aufgrund des Peltier-Effektes ein Wärmetransport von der warmen zur kalten Seite auf. Der dabei von einem Halbleiterschenkel aufgenommene bzw. abgegebene Wärmestrom $\dot{Q}_{Kalt}$ bzw. $\dot{Q}_{Warm}$ hängt jedoch nicht nur vom Peltier-Effekt $\dot{Q}_{Peltier} = \alpha \cdot I \cdot T$, sondern zusätzlich von den zwei folgenden Effekten ab:

Aufgrund der an den Pellets anliegenden Temperaturdifferenz tritt innerhalb des Schenkels eine innere Wärmeleitung auf, so dass ein Wärmestrom von der heißen zur kalten Pelletseite fließt. Dieser Wärmestrom hängt zum einen von der treibenden Temperaturdifferenz und zum anderen von dem Wärmeleitwert K des im Schenkel eingesetzten Halbleitermaterials ab, wobei der Wärmeleitwert des Halbleiterschenkels über die Wärmeleitfähigkeit κ, die Querschnittsfläche A und Länge L des Pellets definiert ist.

$$\dot{Q}_{Leitung} = K \cdot (T_{Warm} - T_{Kalt}) \tag{2.7}$$

$$K = \frac{\kappa \cdot A}{L} \tag{2.8}$$

Neben der inneren Wärmeleitung tritt in dem stromdurchflossenen Halbleiterschenkel gemäß des Jouleschen Gesetzes die sogenannte Joulesche Wärme auf, welche proportional zum Quadrat der elektrischen Stromstärke ist. Sie wird durch den elektrischen Widerstand des thermoelektrischen Materials, R, hervorgerufen, welcher über den spezifischen elektrischen Widerstand ρ bzw. die elektrische Leitfähigkeit σ, die Querschnittsfläche A und Länge L des Halbleiterschenkels definiert ist,

$$\dot{Q}_{Joule} = R \cdot I^2 \tag{2.9}$$

$$R = \frac{\rho \cdot L}{A} = \frac{L}{\sigma \cdot A} \tag{2.10}$$

Um den auf der kalten Seite des thermoelektrischen Schenkels aufgenommenen Wärmestrom bzw. die auf der warmen Seite abgegebene Wärmemenge ermitteln zu können, müssen alle drei Effekte in der Berechnung berücksichtigt werden. Die Joulesche Wärme wird dabei üblicherweise zu gleichen Teilen der heißen und der kalten Halbleiterseite zugerechnet, so dass sie zu einer Verringerung der Kälteleistung führt, während sie die Heizleistung im gleichen Maße vergrößert. Der Thomson-Effekt wird bei dieser Betrachtungsweise aufgrund seines nur geringen Einflusses vernachlässig, so dass sich für die Berechnung der Heiz- und Kälteleistung folgende Bilanzgleichungen für den Halbleiterschenkel ergeben:

$$\dot{Q}_{Warm} = \alpha \cdot\ I \cdot T_{Warm} - K \cdot (T_{Warm} - T_{Kalt}) + \frac{1}{2} \cdot R \cdot I^2 \tag{2.11}$$

$$\dot{Q}_{Kalt} = \alpha \cdot\ I \cdot T_{Kalt} - K \cdot (T_{Warm} - T_{Kalt}) - \frac{1}{2} \cdot R \cdot I^2 \tag{2.12}$$

Die eingesetzte elektrische Leistung P_{el} entspricht der Differenz zwischen Heiz- und Kälteleistung

$$P_{el} = U \cdot I = \alpha \cdot\ I \cdot (T_{Warm} - T_{Kalt}) + R \cdot I^2, \tag{2.13}$$

Dabei ist zu erkennen, dass die angelegte Spannung sowohl für die Überwindung des elektrischen Widerstands des Halbleiterpellets benötigt wird, als auch um der Thermospannung entgegen zu wirken, welche durch die Temperaturdifferenz hervorgerufen wird. Die energetische Effizienz einer thermoelektrischen Wärmepumpe kann über den sogenannten Coefficient of Performance (COP) ermittelt werden, welcher als Quotient aus dem erzielten Wärmestrom und der eingesetzten elektrischen Leistung definiert ist:

$$COP = \frac{\dot{Q}_{Kalt}}{P_{el}} = \frac{\alpha \cdot I \cdot T_{Kalt} - K \cdot (T_{Warm} - T_{Kalt}) - \frac{1}{2} \cdot R \cdot I^2}{\alpha \cdot I \cdot (T_{Warm} - T_{Kalt}) + R \cdot I^2} \tag{2.14}$$

Bei einer vorgegebenen Temperaturdifferenz und konstanten Materialparametern sind COP, Heiz- und Kälteleistung nur von der Größe der elektrischen Stromstärke abhängig, wobei zwei Spezialfälle von besonderem Interesse sind: die maximal erzielbare Kälteleistung und der maximal erreichbare COP.

Für den Fall der maximalen Kälteleistung kann die optimale Stromstärke I_{opt} berechnet werden, indem $d\dot{Q}_{Kalt}/dI = 0$ gesetzt wird. Nach Lösen der Gleichung erhält man für die optimale Stromstärke

$$I_{opt,\dot{Q}} = \frac{\alpha \cdot T_{Kalt}}{R}, \tag{2.15}$$

wobei die verwendeten Materialparameter α und ρ bei der Temperatur T_{Kalt} bestimmt werden.

Für den zweiten Fall wird analog verfahren, wobei man nach Lösung der Gleichung $dCOP/dI = 0$ den folgenden Ausdruck für die optimale Stromstärke erhält,

$$I_{opt,COP} = \frac{\alpha \cdot (T_{Warm} - T_{Kalt})}{R \cdot (\sqrt{1 + Z \cdot T_M} - 1)}, \tag{2.16}$$

worin T_M die mittlere Temperatur

$$T_M = \frac{(T_{Warm} + T_{Kalt})}{2} \tag{2.17}$$

bezeichnet, welche auch für die Berechnung der eingesetzten Materialparameter herangezogen wird. Die Größe Z steht für den Gütefaktor (Figure of Merit) des thermoelektrischen Moduls und ist wie folgt definiert

$$Z = \frac{\alpha^2}{\rho \cdot \kappa} \tag{2.18}$$

Thermoelektrischer Generator

Die Anwendung als thermoelektrischer Generator, in welcher dem thermoelektrischen Modul eine Temperaturdifferenz aufgeprägt und elektrische Energie erzeugt wird, kann analog analysiert werden (vgl. Abb. 2.3 b).

Auch hierbei kommt es an dem betrachteten Schenkel zum Auftreten von Peltier-Wärme, Joulescher Wärme und innerer Wärmeleitung, über die der an der warmen Seite zugeführte Wärmestrom und die an der kalten Seite an die Umgebung abgegebene Wärmemenge charakterisiert werden können:

$$\dot{Q}_{Warm} = \alpha \cdot \ I \cdot T_{Warm} + K \cdot (T_{Warm} - T_{Kalt}) - \frac{1}{2} \cdot R \cdot I^2 \tag{2.19}$$

$$\dot{Q}_{Kalt} = \alpha \cdot \ I \cdot T_{Kalt} + K \cdot (T_{Warm} - T_{Kalt}) + \frac{1}{2} \cdot R \cdot I^2 \tag{2.20}$$

Die dabei erzeugte elektrische Leistung

$$P_{el} = R_{Last} \cdot I^2 \tag{2.21}$$

ist abhängig vom eingesetzten Lastwiderstand R_{Last} und der Stromstärke, welche ihrerseits über den Lastwiderstand, den Innenwiderstand R_{Innen} und die Leerlaufspannung $U_{Seebeck}$ definiert ist.

$$I = \frac{U_{Seebeck}}{R_{Last} + R_{Innen}} = \frac{\alpha \cdot (T_{Warm} - T_{Kalt})}{R_{Last} + R_{Innen}} \tag{2.22}$$

Der thermische Wirkungsgrad eines thermoelektrischen Generators kann über

$$\eta = \frac{P_{el}}{\dot{Q}_{Warm}} = \frac{R_{Last} \cdot I^2}{\alpha \cdot \ I \cdot T_{Warm} + K \cdot (T_{Warm} - T_{Kalt}) - \frac{1}{2} \cdot R \cdot I^2} \tag{2.23}$$

berechnet werden.

Während die maximale elektrische Leistung erzielt wird, wenn der Lastwiderstand gleich dem Innenwiderstand ist, wird der maximalen Wirkungsgrad erreicht, wenn das Verhältnis zwischen Last- und Innenwiderstand über folgende Gleichung beschrieben werden kann.

$$M = \frac{R_{Last}}{R_{Innen}} = \sqrt{1 + Z \cdot T_M} \tag{2.24}$$

2.2.3 Analytischer Ansatz mit temperaturabhängigen Parametern

Um die Temperaturabhängigkeit der Materialparameter in der Berechnung der auftretenden Wärmeströme und Leistungen zu berücksichtigen, muss der Temperaturverlauf über den Halbleiterschenkel bekannt sein, welcher seinerseits jedoch wieder von den charakteristischen Materialparametern abhängig ist.

Dieses Iterationsproblem kann unter Verwendung der Onsager Relationen [27] gelöst werden, welche den Zusammenhang zwischen den in einem System auftretenden Flüssen und den dazugehörigen treibenden Kräften herstellen. Im Fall der thermoelektrischen

Prozesse können die elektrische Stromdichte j und die Wärmestromdichte $\dot{q}$ als die auftretenden Flüsse und der Potential- und Temperaturgradient als die treibenden Kräfte identifiziert werden. Unter der Annahme isotroper Bedingungen liegen die Onsager Relationen in der folgenden Form vor, wobei der Buchstabe E für das elektrische Feld steht.

$$\overrightarrow{j} = \frac{1}{\rho} \cdot [E - \alpha \cdot \nabla T] \tag{2.25}$$

$$\overrightarrow{\dot{q}} = \alpha \cdot T \cdot j - \kappa \cdot \nabla T \tag{2.26}$$

Unter der Annahme stationärer Bedingungen können die entsprechenden Erhaltungssätze wie folgt formuliert werden:

$$\nabla \overrightarrow{j} = 0 \tag{2.27}$$

$$\nabla \overrightarrow{\dot{q}} = j \cdot E \tag{2.28}$$

Dabei ist Gleichung (2.27) automatisch erfüllt, wenn es sich bei dem betrachteten Fall um ein eindimensionales Problem handelt, in welchem die elektrische Stromdichte konstant gehalten wird.

Gleichung (2.28) kann unter Einbezug der Gleichungen (2.25) und (2.26) in der Form

$$E = j \cdot \rho(x) + \alpha(x) \cdot \frac{\partial T(x)}{\partial x} \tag{2.29}$$

$$\frac{\partial T(x)}{\partial x} = \frac{\alpha(x) \cdot T \cdot j - \dot{q}(x)}{\kappa(x)} \tag{2.30}$$

zu folgendem Ausdruck umgeformt werden.

$$\frac{\partial \dot{q}(x)}{\partial x} = j^2 \cdot \rho(x) + j \cdot \alpha(x) \cdot \frac{\partial T(x)}{\partial x} \tag{2.31}$$

$$= j^2 \cdot \rho(x) \cdot \left[1 + \frac{\alpha(x)^2}{\rho(x) \cdot \kappa(x)} \cdot T(x)\right] - \frac{j \cdot \alpha(x) \cdot \dot{q}(x)}{\kappa(x)} \tag{2.32}$$

Um mit Hilfe von Gleichung (2.30) und (2.32) die im Halbleiterschenkel auftretende Temperaturverteilung und die Wärmestromdichte iterativ zu bestimmen, wird das betrachtete Pellet mathematisch in viele kleine Abschnitte unterteilt (vgl. Abb. 2.4), so dass der an jedem Teilstück anliegende Temperaturgradient entsprechend klein wird. Unter dieser Randbedingung werden die Materialparameter für den an einem gegebenen Abschnitt auftretenden Temperaturgradienten als konstant angenommen.

Für dx $\rightarrow$ 0 können die Gleichungen für die Berechnung des ersten Teilstücks geschrieben werden als

$$T_1 = T_0 + \left[\frac{\alpha_0 \cdot T_0 \cdot j - \dot{q}_0}{\kappa_0}\right] dx \tag{2.33}$$

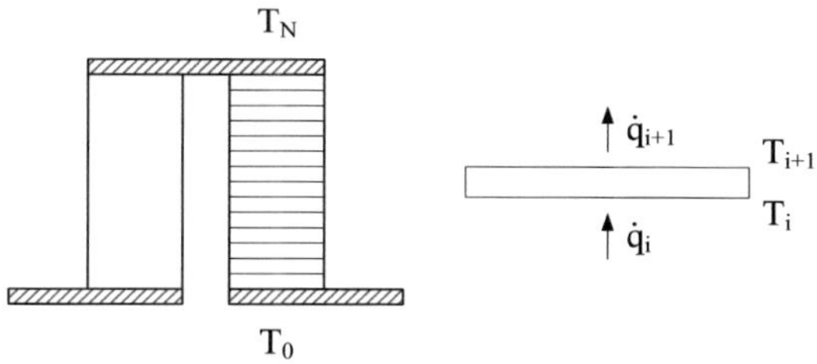

Abbildung 2.4: Mathematische Unterteilung des betrachteten Halbleiterschenkels in kleine Abschnitte [28]

$$\dot{q}_1 = \dot{q}_0 + \left[j^2 \cdot \rho_0 \cdot \left(1 + \frac{\alpha_0^2}{\rho_0 \cdot \kappa_0} \cdot T_0 \right) - \frac{j \cdot \alpha_0 \cdot \dot{q}_0}{\kappa_0} \right] dx \tag{2.34}$$

Bei Vorgabe der Temperaturen auf der warmen und der kalten Seite des Halbleiterschenkels oder eines Wärmestroms und einer Temperatur kann sowohl die Temperaturverteilung als auch die im Schenkel auftretende Wärmestromdichte nach folgendem Schema berechnet werden [28]:

1. Vorgabe der Wärmestromdichte $\dot{q}_0$ auf der kalten Seite bei der Temperatur T_0
2. Berechnung von $\dot{q}_1$ und T_1 unter Verwendung von $\dot{q}_0$ und T_0 sowie der bei der Temperatur T_0 ermittelten Materialparameter
3. Wiederholung der Berechnung bis zum Erreichen des letzten Elements mit der Wärmestromdichte $\dot{q}_N$ und der Temperatur T_N
4. Abgleich zwischen der berechneten und der vorgegebenen Temperatur bzw. Wärmestromdichte auf der warmen Seite des Halbleiters. Stimmen die Werte nicht überein, so muss ein neuer Wert für $\dot{q}_0$ bzw. T_0 gewählt und die Iteration erneut durchgeführt werden
5. Wiederholung des Iterationsprozesses, bis die berechneten Werte mit den vorgegebenen identisch sind

2.3 Berechnungen und Vergleich

Um die Haltbarkeit des Konstant-Parameter-Ansatzes zu überprüfen und die Abweichungen zu exakten Berechnungen mit temperaturabhängigen Parametern aufzuzeigen, werden die beiden Betrachtungsweisen am Beispiel eines einzelnen Schenkels miteinander verglichen. Dabei wird sowohl die Anwendung der thermoelektrischen Wärmepumpe für den Heiz- und Kühlfall, als auch der Einsatz als thermoelektrischer Generator für die Energiegewinnung bei realistischen Randbedingungen untersucht.

Es wird auf die für die Berechnungen ausgewählten Randbedingungen eingegangen und die Ergebnisse von konstanten Parametern und temperaturabhängigen Parametern werden miteinander verglichen und diskutiert.

2.3.1 Thermoelektrische Wärmepumpe

Beim Einsatz zum Heizen und Kühlen operiert ein thermoelektrisches Modul zwischen zwei Extremfällen, dem Fall des größtmöglichen Kühleffektes und dem Fall alleiniger Wärmepumpenwirkung.

Im Fall des größtmöglichen Kühleffektes ist die von der kalten Seite des Halbleiterschenkels aufgenommene Wärmestromdichte gleich null, $\dot{q} = 0$, und die Kaltseitentemperatur erreicht die niedrigste mögliche Temperatur, $T_{Kalt} \rightarrow T_{min}$, weswegen die Temperaturdifferenz zwischen der warmen und der kalten Schenkelseite maximal wird, $\Delta T \rightarrow \Delta T_{max}$. Diese maximale Temperaturdifferenz lässt sich über folgende Beziehung ermitteln:

$$(T_{Warm} - T_{Kalt})_{max} = \frac{Z \cdot T_{Kalt}^2}{2} \tag{2.35}$$

Im Fall der alleinigen Wärmepumpenwirkung weisen die warme und die kalte Peletseite die gleiche Temperatur auf, $T_{Warm} = T_{Kalt}$, so dass die am Halbleiterschenkel anliegende Temperaturdifferenz gleich null ist, $\Delta T = 0$, und innerhalb des Schenkels lediglich die Wärme von der einen zur anderen Seite pumpt.

Die für den Einsatz im Heiz- bzw. Kühlmodus betrachteten Anwendungsfälle schließen sowohl diese beiden Extremfälle, als auch dazwischenliegende Operationsmodi ein. Für die Berechnungen der Temperaturen und Wärmestromdichten nach Gleichung (2.34) und (2.35) wurde die Randbedingung der ersten und der zweiten Art verwendet, so dass die auf der kalten Seite aufgenommene Wärmestromdichte und die Temperatur auf der warmen Seite des Moduls vorgegeben wurden, wobei die Warmseitentemperatur konstant auf $T_{Warm} = 357K$ gehalten wurde. Die eingesetzte elektrische Stromstärke wird nach Gleichung (2.15) berechnet, so dass alle Berechnungen für den Fall der maximalen Kälteleistung ausgeführt wurden.

Die für die Berechnung benötigten geometrischen Daten der Halbleiterschenkel orientieren sich an den Abmessungen eines handelsüblichen thermoelektrischen Moduls, wobei sich auf ein so genanntes Peltier-Modul der Firma Quickohm bezogen wurde. Entsprechend der dort zum Einsatz kommenden Halbleiterschenkel wurde in den Simulationen eine Schenkellänge von L = $2.0 \cdot 10^{-3}m$ und die Querschnittsfläche A = $2.96 \cdot 10^{-6}m^2$ verwendet.

Für die Berechnung der temperaturabhängigen Eigenschaften des Schenkels wurden Literaturwerte der gebräuchlichen Wismuttellurid-Verbindung $(Bi_{0.5}Sb_{0.5})_2Te_3$ verwendet [29], wobei die Temperaturabhängigkeit der charakteristischen Materialparameter mit Hilfe polynomischer Beziehungen in die entsprechenden Berechnungen einfloss. Zur Berechnung der Temperaturverteilung und des Verlaufs der Wärmestromdichte wurde der Halbleiterschenkel in 100 Unterabschnitte aufgeteilt, was den über die einzelnen Abschnitte auftretenden Temperaturgradienten so verringerte, dass die Materialparameter des jeweiligen betrachteten Segments als konstant angenommen werden konnten.

Die Ergebnisse der Berechnungen der in dem thermoelektrischen Halbleiterschenkel unter den oben aufgeführten Randbedingungen auftretenden Temperaturprofile sind in Abbildung 2.5 dargestellt. Dabei repräsentiert der unterste Temperaturverlauf den Fall des größtmöglichen Kühleffektes ($T_{min} = 273.55K$) und die oberste Kurve den Fall alleiniger Wärmepumpenwirkung ($T_{Warm} = T_{Kalt} = 357K$).

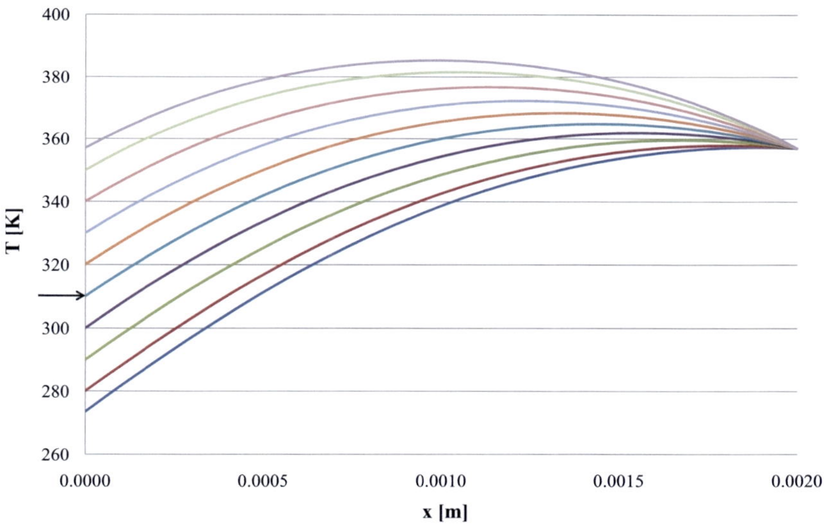

Abbildung 2.5: Darstellung der in einem Halbleiterschenkel bei Verwendung der optimalen Stromstärke auftretenden Temperaturprofile

Die Betrachtung des Diagramms zeigt, dass sich innerhalb des Pellets ein parabolisches Temperaturprofil ausbildet, welches mit abnehmender Kaltseitentemperatur zunehmend abflacht. Demzufolge weist jeder Kurvenverlauf eine maximale Temperatur auf, welche jedoch nur im Fall des größtmöglichen Kühleffekts identisch mit der Warmseitentemperatur ist. In allen anderen Fällen ist die Temperatur auf der warmen Seite des Halbleiters verschieden von der auftretenden Maximaltemperatur, welche mit zunehmender Kaltseitentemperatur immer weiter in Richtung Schenkelmitte rückt.

Um den Verlauf von Joulescher Wärme, innerer Wärmeleitung und Peltier-Wärme sowie das Verhalten der temperaturabhängigen Materialparameter zu diskutieren, bietet sich die exemplarische Betrachtung einer einzelnen Berechnung an. Für die Diskussion wurde der Temperaturverlauf mit einer Kaltseitentemperatur von T_{Kalt} = 310 K ausgewählt, welcher an der Position x = 0.00144 m die Maximaltemperatur $T_{max} = 364.85K$ aufweist. Bei der Interpretation der Kurvenverläufe ist zu beachten, dass die kalte Seite des Halbleiterschenkels bei der Länge x = 0 m und die warme Seite dementsprechend bei x = 0.002 m vorliegt.

Das Temperaturprofil ist zusammen mit dem temperaturabhängigen Verlauf der Materialparameter in Abbildung 2.6 dargestellt, wobei die gestrichelte Linie die nach Gleichung (2.17) berechnete Temperatur T_M bzw. den entsprechenden, bei dieser Temperatur ermittelten, konstanten Materialparameter darstellt.

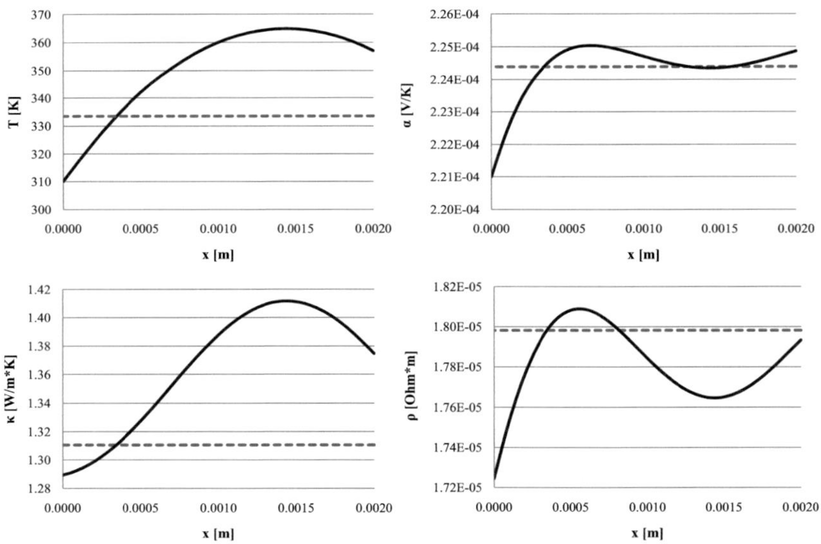

Abbildung 2.6: Exemplarische Darstellung eines im Halbleiterschenkel auftretenden Temperaturprofils sowie der Kurvenverläufe der dazugehörigen temperaturabhängigen Materialparameter und der im Konstant-Parameter-Ansatz verwendeten konstanten Werte

Während der dargestellte, konstante Wert des Seebeck-Koeffizienten α im Bereich 0.0005 m $< x <$ 0.002 m eine gute Übereinstimmung mit dem temperaturabhängigen Verlauf des Materialparameters aufzeigt und am Punkt des Temperaturmaximums mit diesem nahezu exakt übereinstimmt, zeigt der Verlauf des temperaturabhängigen spezifischen elektrischen Widerstands ρ innerhalb dieses Bereichs einen deutlichen Unterschwinger unterhalb des konstanten Materialparameters, wobei der Bauch dieses Unterschwingers bei der auftretenden Maximaltemperatur verzeichnet werden kann. Diese Abweichung erscheint auf den ersten Blick sehr groß, wobei jedoch bedacht werden muss, dass die Größenordnung dieses Parameters bei 10^{-5} Ωm liegt und die im Diagramm auftretenden Unterschiede zwischen dem konstanten und dem temperaturabhängigen Wert dementsprechend gering ausfallen.

Im Gegensatz dazu zeigt der Vergleich der konstanten und temperaturabhängigen Parameter für die thermische Leitfähigkeit κ eine deutliche Abweichung zwischen den beiden Kurvenverläufen. Der Verlauf der temperaturabhängigen Parameter orientiert sich im Wesentlichen an der auftretenden Temperaturverteilung und weist dementsprechend an der Stelle x = 0.0014 m ebenfalls ihren Maximalwert auf. Der Wert des konstanten Materialparameters liegt überwiegend unterhalb des Wertes der temperaturabhängigen thermischen Leitfähigkeit, wobei die Abweichung mit steigenden Temperaturwerten deutlich zunimmt.

Der sich unter diesen Bedingungen ausbildende Verlauf der Jouleschen Wärme, der inneren Wärmeleitung und der Peltier-Wärme ist in Abbildung 2.7 zu sehen, wo sie mit dem auftretenden Gesamtwärmestrom ins Verhältnis gesetzt werden. Die Größenordnung der einzelnen Wärmeströme ist dabei auf die Größenordnungen der verwendeten Materialparameter und die Verrechnung derselben mit der jeweiligen Temperatur und anliegenden Stromstärke sowie der verwendeten Geometrieparameter zurückzuführen.

Bei der Betrachtung der Darstellung fällt auf, dass der Gesamtwärmestrom und der Peltierwärmestrom sowie der aus der inneren Wärmeleitung resultierende Wärmestrom und die Joulesche Wärme jeweils einen Schnittpunkt aufweisen. Dabei kann die Überschneidung dieser Kurvenverläufe an derselben Position x = 0.00144 m identifiziert werden, an welcher auch das Maximum des Temperaturverlaufs auftritt.

Während sich die Joulesche Wärme entlang des Halbleiterschenkels nur unwesentlich ändert, ist der Einfluss des Temperaturprofils auf den Peltierwärmestrom gut erkennbar, welcher mit zunehmender Segmenttemperatur ansteigt. Besonders auffällig ist jedoch die Auswirkung der Temperaturverteilung auf die innere Wärmeleitung, welche mit abnehmender Segmenttemperatur stark zunimmt und ihrerseits einen großen Einfluss auf den auftretenden Gesamtwärmestrom hat.

Aufgrund der Tatsache, dass ein Wärmestrom immer von der höheren zur niedrigeren Temperatur gerichtet ist, fließt durch das Auftreten der Maximaltemperatur ein aus der inneren Wärmeleitung resultierender Wärmestrom sowohl zur kalten als auch zur warmen Seite des Halbleitermaterials. Und während die innere Wärmeleitung zwischen der kalten Seite und der Maximaltemperatur dem Peltier-Effekt entgegen wirkt, kommt es zwischen der maximalen Temperatur und der warmen Seite aufgrund der nun in die

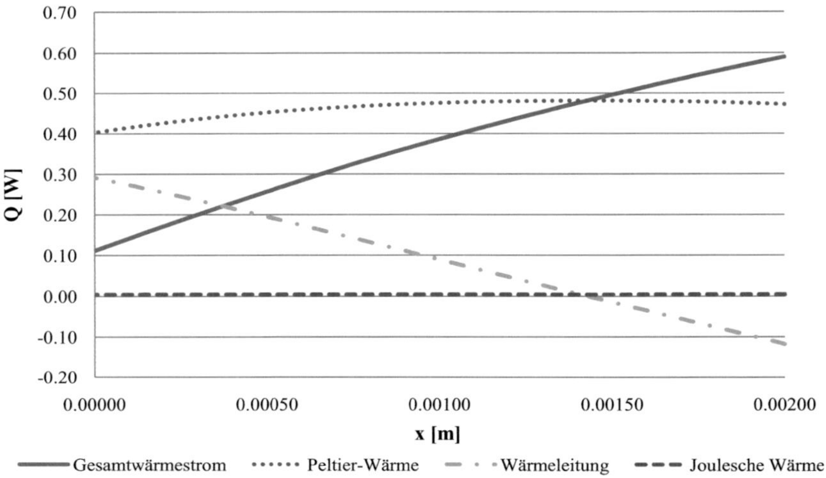

Abbildung 2.7: Verlauf der im Halbleiterschenkel aufgrund des Jouleschen Gesetzes, der inneren Wärmeleitung und des Peltier-Effektes auftretenden Wärmeströme sowie des Gesamtwärmestroms

umgekehrte Richtung wirkenden Wärmeleitung zur Summation von Peltierwärmestrom und dem durch Wärmeleitung hervorgerufenen Wärmestrom.

Dementsprechend liegt der Wert des Gesamtwärmestroms für den Bereich $0\text{ m} < x < 0.00144\text{ m}$ unter dem des Peltierwärmestrom und im Bereich $0.00144\text{ m} < x < 0.002\text{ m}$ oberhalb des Wertes für den Peltierwärmestrom. Dabei entsprechen die Flächen zwischen dem aus der inneren Wärmeleitung resultierenden Wärmestrom und der Jouleschen Wärme logischerweise den Flächen zwischen dem Gesamtwärmestrom und dem Peltierwärmestrom.

Aus Abbildung 2.7 wird somit deutlich, dass die Joulesche Wärme bei Verwendung der optimalen Stromstärke nur einen geringen Einfluss auf den Gesamtwärmestrom hat, welcher vom auftretenden Peltier Effekt und der inneren Wärmeleitung dominiert wird.

Um zu überprüfen, ob die so ermittelten Heiz- und Kälteleistungen auch über die Gleichungen (2.12) und (2.13), welche konstante Materialparameter verwenden, hinreichend genau berechnet werden können, werden die mit temperaturabhängigen Materialparametern erzielten Ergebnisse mit den Resultaten des Konstant-Parameter-Ansatzes verglichen. Der Vergleich der Wärmeströme sowie die auftretende prozentuale Abweichung zwischen den Ergebnissen, ist in Tabelle 2.1 aufgeführt.

T_{kalt} [K]	$\dot{Q}_{Kalt,k}$ [W]	$\dot{Q}_{Kalt,t}$ [W]	$\Delta\dot{Q}_{Kalt}$ [$\%$]	$\dot{Q}_{Warm,k}$ [W]	$\dot{Q}_{Warm,t}$ [W]	$\Delta\dot{Q}_{Warm}$ [$\%$]
270	0.0041	0.0039	5.727	0.4625	0.4645	0.423
280	0.0153	0.0158	2.633	0.4846	0.4849	0.061
290	0.0458	0.0455	0.505	0.5192	0.5202	0.182
300	0.0766	0.0759	0.809	0.5542	0.5517	0.453
310	0.1078	0.1072	0.600	0.5899	0.5858	0.692
320	0.1397	0.1395	0.141	0.6267	0.6207	0.965
330	0.1723	0.1732	0.511	0.6657	0.6549	1.657
340	0.2058	0.2087	1.359	0.7085	0.6972	1.619
350	0.2406	0.2467	2.444	0.7577	0.7409	2.266
357	0.2659	0.2752	3.384	0.7977	0.7747	2.350

Tabelle 2.1: Vergleich der mit temperaturabhängigen Materialparametern berechneten Ergebnisse mit den Resultaten des Konstant-Parameter-Ansatzes

Dabei bezeichnet der tiefgestellte Buchstabe k die mit den konstanten Materialparametern berechneten Ergebnisse, während der tiefgestellte Buchstabe t die mit den temperaturabhängigen Parametern ermittelten Wärmeströme kennzeichnet.

Die in der Tabelle aufgeführten Werte zeigen deutlich, dass die komplexen Berechnungen mit temperaturabhängigen Materialparametern durch die einfachere Berechnung mit konstanten Parametern ersetzt werden kann, ohne dass ein Genauigkeitsverlust in Kauf genommen werden muss.

Die Abweichung zwischen den verglichenen Heizleistungen liegt bei maximal 2.4 Prozent und bei den ermittelten Kälteleistungen bei bis zu fünf Prozent, wobei der hier auftretende Unterschied zwischen den für die Kaltseitentemperatur $T_{Kalt} = 270$ K berechneten Kälteleistungen gegen null geht. Behandelt man diese Abweichung aufgrund der für den Fall der maximalen Kühlung aufgestellten Definition $\dot{Q}_{Kalt} = 0$ als Ausreißer, so verringert sich die maximale Abweichung für die berechneten Kälteleistungen auf 3.4 Prozent.

Dies zeigt somit, dass die Abweichungen zwischen den konstanten und den temperaturabhängigen Materialparametern weniger ins Gewicht fallen, als erwartet und sich zum Teil gegenseitig aufheben. Durch die Verrechnung der thermischen Leitfähigkeit κ mit dem Geometriefaktor A/L (vgl. Gleichung (2.11)) verringern sich die hier zwischen den konstanten und temperaturabhängigen Parametern auftretenden Abweichungen um den Faktor 10^{-3}, während die geringfügigen Abweichungen zwischen den konstanten und temperaturabhängigen Werten des spezifischen elektrischen Widerstandes ρ durch Verrechnung mit dem Geometriefaktor L/A (vgl. Gleichung (2.9)) stärker ins

Gewicht fallen. Da der für die Berechnung der Peltier-Wärme herangezogene Seebeck-Koeffizient α eine gute Übereinstimmung zwischen den konstanten und den temperaturabhängigen Parametern aufweist, die bei dem spezifischen elektrischen Widerstand auftretenden Abweichungen trotz Verrechnung mit dem Geometriefaktor klein bleiben und die Abweichungen zwischen den entsprechenden Werten der thermischen Leitfähigkeit verringert werden, kommt es zu einer sehr guten Übereinstimmung zwischen den Ergebnissen der beiden Berechnungsarten.

Während bei der prozentualen Abweichung der Heizleistungen eine Zunahme derselben mit steigender Kaltseitentemperatur bis zum Erreichen des Falls alleiniger Wärmepumpenwirkung mit $T_{Kalt} = T_{Warm}$ verzeichnet werden kann, ist bei der auf die Kälteleistung bezogenen prozentualen Abweichung ein Bereich mit besonders geringer Deviation erkennbar. Dieser Bereich tritt bei 290 K $< T_{Kalt} <$ 330 K auf, wobei die Temperatur $T_{Kalt} =$ 310 K das arithmetische Mittel aus minimaler und maximaler Kaltseitentemperatur darstellt. Der Konstant-Parameter-Ansatz scheint somit besonders für Berechnungen geeignet, deren Randbedingungen das Mittel zwischen dem Fall der maximalen Kühlung und dem Fall der alleinigen Wärmepumpenwirkung darstellen.

2.3.2 Thermoelektrischer Generator

Wird ein thermoelektrisches Material für die Energierückgewinnung eingesetzt, so hängt die erzeugte nutzbare elektrische Leistung allein von den am Material anliegenden Temperaturen und den Eigenschaften des verwendeten Materials ab. Für die Berechnung der temperaturabhängigen Eigenschaften des Materials wurden erneut die bereits erwähnten polynomischen Beziehungen der Wismuttellurid-Verbindung $(Bi_{0.5}Sb_{0.5})_2Te_3$ verwendet [29]. Die Berechnung des Temperaturprofils und der Wärmestromdichte nach Gleichung (2.34) und (2.35) wurden, wie im Fall der thermoelektrischen Wärmepumpe, mit Randbedingungen der ersten und der zweiten Art durchgeführt, wobei diesmal die auf der warmen Seite eintretende Wärmestromdichte und die Kaltseitentemperatur vorgegeben wurde.

Da die polynomischen Beziehungen zur Berechnung der temperaturabhängigen Materialparameter nur für den Bereich 100 K $< T <$ 400 K gültig sind, wurde die Kaltseitentemperatur auf $T_{Kalt} =$ 283.15 K gesetzt. Dadurch kann bis zu einer Temperaturdifferenz von $\Delta T =$ 120 K gewährleistet werden, dass die entlang des Halbleiterschenkels auftretenden Temperaturen innerhalb des gültigen Bereichs liegen und es bei der Berechnung der Materialparameter zu keinen Ungenauigkeiten kommt, wie sie z. B. bei einer Extrapolation auftreten könnten.

Die für die Berechnung notwendigen Abmessungen des Halbleiterschenkelpellets orientieren sich an den geometrischen Daten eines handelsüblichen thermoelektrischen Generators. Dabei wurde ebenfalls ein Modul der Firma Quickohm verwendet, dessen Halbleiterschenkel eine Schenkellänge von L $= 1.4 \cdot 10^{-3} m$ und die Querschnittsfläche

A $= 4 \cdot 10^{-6} m^2$ aufweisen. Für die Berechnungen wurde der Halbleiterschenkel erneut in 100 Unterabschnitte aufgeteilt, wodurch die Materialparameter des jeweiligen betrachteten Segments als konstant angenommen werden konnten. Um zu gewährleisten, dass in den Berechnungen die maximale elektrische Leistung erzielt wird, wurde bei der Berechnung der elektrischen Stromstärke nach Gleichung (2.23) der Lastwiderstand gleich dem Innenwiderstand gesetzt.

Die berechneten Temperaturprofile, die unter den oben aufgeführten Randbedingungen in dem betrachteten Halbleiterschenkel auftreten, sind in Abbildung 2.8 dargestellt. Die Betrachtung des Diagramms zeigt, dass sich innerhalb des Pellets ein linea-

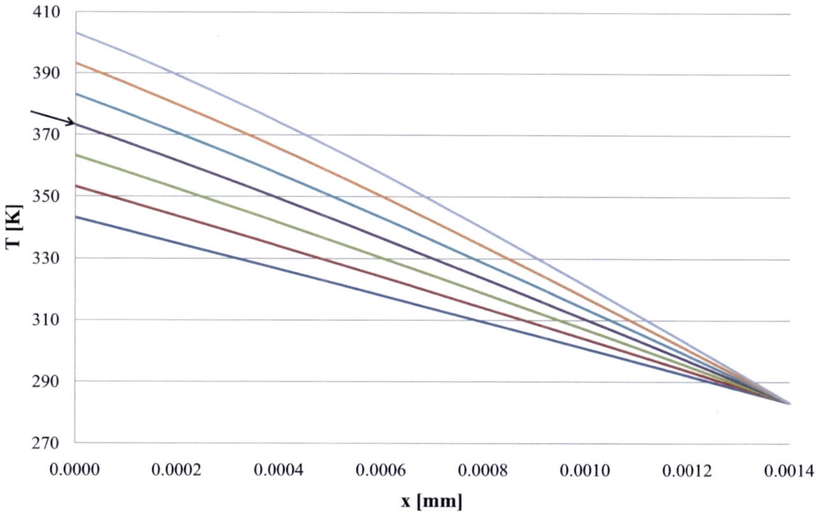

Abbildung 2.8: Darstellung der in einem Halbleiterschenkel bei Verwendung der optimalen Stromstärke auftretenden Temperaturprofile

res Temperaturprofil ausbildet, so dass jeder Kurvenverlauf eine maximale Temperatur aufweist, welche identisch mit der Warmseitentemperatur ist. Um den Verlauf der Peltier-Wärme, der Jouleschen Wärme und dem durch innere Wärmeleitung hervorgerufene Wärmestrom sowie das Verhalten der temperaturabhängigen Materialparameter zu analysieren, wurde das Temperaturprofil mit der Warmseitentemperatur $T_{Warm} =$ 373.15 K exemplarisch zur Betrachtung herangezogen. Bei der Diskussion des Profils ist zu beachten, dass die warme Seite des Materials diesmal bei der Länge x = 0 m und die kalte Seite dementsprechend bei x = 0.0014 m vorliegt.

In Abbildung 2.9 ist das ausgewählte Temperaturprofil zusammen mit dem temperaturabhängigen Verlauf der charakteristischen Materialparameter dargestellt, wobei die gestrichelte Linie hier ebenfalls die nach Gleichung (2.17) berechnete Temperatur T_M bzw. die entsprechenden, bei dieser Temperatur ermittelten, konstanten Materialparameter darstellt.

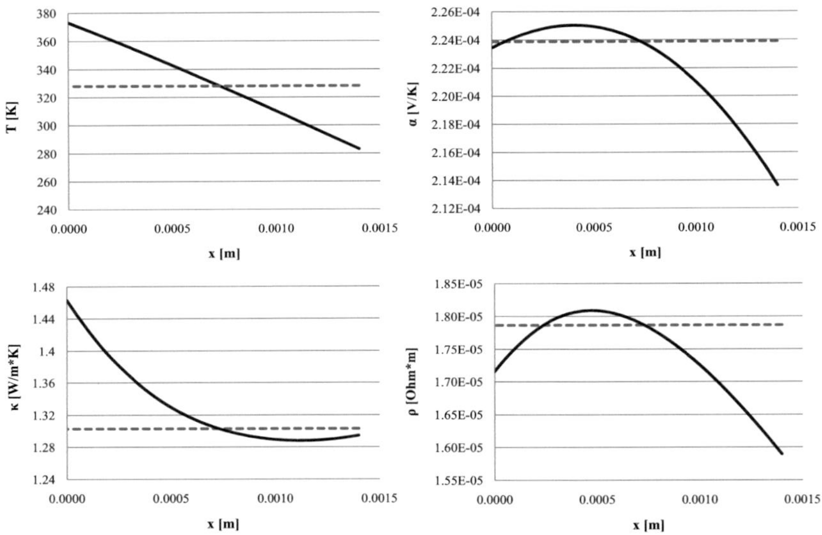

Abbildung 2.9: Exemplarische Darstellung eines im Halbleiterschenkel auftretenden Temperaturprofils sowie der Kurvenverläufe der dazugehörigen temperaturabhängigen Materialparameter und der im Konstant-Parameter-Ansatz verwendeten konstanten Werte

Während der konstante Wert des Seebeck-Koeffizienten α und des spezifischen elektrischen Widerstands ρ eine gute Übereinstimmung mit dem entsprechenden temperaturabhängigen Verlauf des Materialparameters erkennen lassen und die auftretendend Abweichungen aufgrund der Größenordnung der Parameter von $10^{-4}\ V/K$ bzw. $10^{-5}\ \Omega m$ nur gering ausfallen, offenbart der Vergleich zwischen dem konstanten und dem temperaturabhängigen Verlauf der thermischen Leitfähigkeit κ einen deutlichen Unterschied der verwendeten Werte. Der Wert des konstanten Materialparameters liegt dabei überwiegend unterhalb des temperaturabhängigen Verlaufs der thermischen Leitfähigkeit, wobei sich die Abweichungen zu sinkenden Temperaturwerten hin deutlich verringern.

Der Einfluss des temperaturabhängigen Parameterverhaltens auf den sich ausbildenden Verlauf der Jouleschen Wärme, der inneren Wärmeleitung und der Peltier-Wärme ist in Abbildung 2.10 zu sehen, wo die entsprechenden Wärmeströme mit dem auftretenden Gesamtwärmestrom ins Verhältnis gesetzt werden. Wie auch in Abbildung 2.5 ist die Größenordnung der einzelnen Wärmeströme auf die Größenordnungen der verwendeten Materialparameter und die Verrechnung derselben mit den verwendeten Geometrieparametern sowie der anliegenden Stromstärke und jeweiligen Temperatur zurückzuführen.

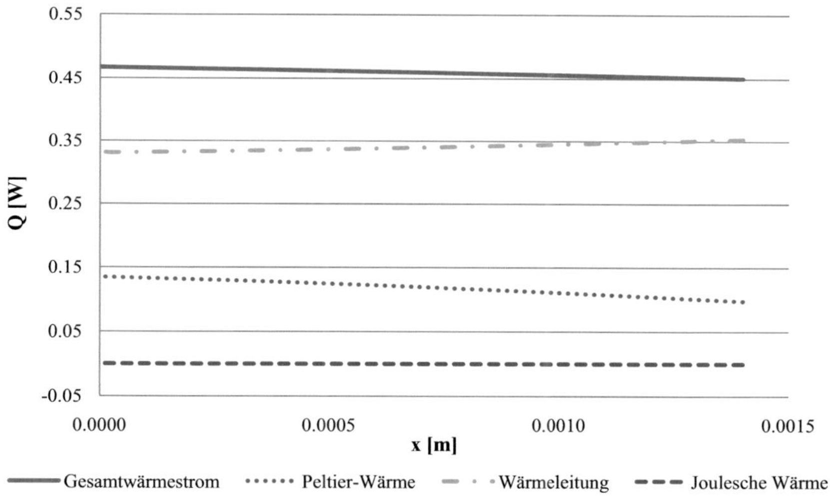

Abbildung 2.10: Verlauf der im Halbleiterschenkel aufgrund des Jouleschen Gesetzes, der inneren Wärmeleitung und des Peltier-Effektes auftretenden Wärmeströme sowie des Gesamtwärmestroms

Die Betrachtung des Diagramms zeigt, dass die auftretenden Wärmeströme diesmal keine Schnittpunkte miteinander aufweisen, was dem linearen Verhalten des Temperaturverlaufs zugrunde liegt. Die im Diagramm eingetragenen Wärmeströme verlaufen fast parallel zueinander, wobei der Wert der Jouleschen Wärme entlang des Halbleitermaterials konstant bleibt und sich die Verläufe des Peltierwärmestroms und des durch innere Wärmeleitung verursachten Wärmestroms nur geringfügig ändern. Während die Peltier-Wärme mit sinkender Temperatur abnimmt, steigt der Wärmestrom der inneren Wärmeleitung per Definition mit abnehmender Temperatur an.

Da die innere Wärmeleitung und der Peltier-Effekt im Anwendungsfall des thermoelektrischen Generators in dieselbe Richtung wirken (vgl. Abb. 2.3) und sich dementsprechend aufsummieren, liegt der Gesamtwärmestrom immer oberhalb dieser beiden Wärmeströme. Dabei entspricht die Fläche zwischen dem aus der inneren Wärmeleitung resultierenden Wärmestrom und dem Gesamtwärmestrom der Fläche zwischen der Joulesche Wärme und dem Peltierwärmestrom. Der Verlauf des Gesamtwärmestroms wird somit von dem der Peltier-Wärme und dem durch die innere Wärmeleitung hervorgerufenen Wärmestrom dominiert, während die Joulesche Wärme bei der Verwendung der optimalen Stromstärke erneut nur einen geringen Einfluss hat.

Um zu überprüfen, ob die mit temperaturabhängigen Materialparametern ermittelten Heiz- und Kälteleistungen ohne Genauigkeitsverlust unter Verwendung konstanter Parameter über die Gleichungen (2.12) und (2.13) berechnet werden können, werden die Ergebnisse aus beiden Berechnungsansätzen miteinander verglichen. Der Vergleich der Wärmeströme sowie die zwischen den Ergebnissen auftretende prozentuale Abweichung, ist in Tabelle 2.2 aufgeführt, wobei der tiefgestellte Buchstabe k die mit den konstanten Materialparametern berechneten Ergebnisse und der tiefgestellte Buchstabe t die mit den temperaturabhängigen Parametern ermittelten Wärmeströme bezeichnet.

ΔT [K]	$\dot{Q}_{Kalt,k}$ [W]	$\dot{Q}_{Kalt,t}$ [W]	$\Delta\dot{Q}_{Kalt}$ [%]	$\dot{Q}_{Warm,k}$ [W]	$\dot{Q}_{Warm,t}$ [W]	$\Delta\dot{Q}_{Warm}$ [%]
60	0.2935	0.2944	0.320	0.3007	0.3018	0.340
70	0.3434	0.3452	0.509	0.3533	0.3552	0.529
80	0.3940	0.3971	0.790	0.4068	0.4102	0.810
90	0.4453	0.4506	1.181	0.4615	0.4671	1.202
100	0.4976	0.5063	1.721	0.5176	0.5268	1.746
110	0.5511	0.5649	2.446	0.5753	0.5899	2.479
120	0.6062	0.6274	3.378	0.6350	0.6519	2.591

Tabelle 2.2: Vergleich der mit temperaturabhängigen Materialparametern berechneten Ergebnisse mit den Resultaten des Konstant-Parameter-Ansatzes

Die Betrachtung der in der Tabelle aufgeführten Werte zeigt deutlich, dass die komplexe Berechnung mit temperaturabhängigen Materialparametern auch bei dieser Anwendung durch die einfachere Berechnung mit konstanten Parametern ersetzt werden kann, ohne dass dabei signifikante Genauigkeitsverluste auftreten.

Die Abweichungen zwischen den verglichenen Heiz- und Kälteleistungen liegen bei maximal 2.6 bzw. 3.4 Prozent, was erstaunlich gut mit den für die thermoelektrische Wärmepumpe ermittelten Abweichungen übereinstimmt.

Wie bereits in Kapitel 2.3.1 beschrieben, kommt es auch hier durch die Verrechnung mit den jeweiligen Geometriefaktoren zu einer Nivellierung der auftretenden Abweichungen. Der für die Berechnung der Peltier-Wärme herangezogene Seebeck-Koeffizient α zeigt erneut eine gute Übereinstimmung zwischen den konstanten und den temperaturabhängigen Werten. Aufgrund der Schenkelgeometrie bleiben die bei dem spezifischen elektrischen Widerstand ρ auftretenden Abweichungen auch nach der Verrechnung mit dem Geometriefaktor L/A klein, die Abweichungen zwischen den entsprechenden Werten der thermischen Leitfähigkeit werden durch die Verrechnung mit dem entsprechenden Geometriefaktor verringert. Durch diese Deviationsnivellierung kommt es zwischen den Resultaten des Konstant-Parameter-Ansatzes und den Ergebnissen der Berechnung mit temperaturabhängigen Materialparametern zu einer sehr guten Übereinstimmung.

Sowohl für die Abweichung der Heizleistungen als auch für die auf die Kälteleistung bezogenen prozentualen Abweichungen kann ein Trendverhalten festgestellt werden, bei welchem die Abweichungen mit steigendem Temperaturgradienten ΔT kontinuierlich zunehmen. Diese Zunahme lässt sich durch die Tatsache begründen, dass die gewählte Anzahl der Unterabschnitte ab einer bestimmten Temperaturdifferenz nicht mehr ausreicht, um den Temperaturgradienten über die einzelnen Abschnitte so zu verringern, dass die Materialparameter des jeweiligen betrachteten Segments als konstant angenommen werden können. Für Temperaturdifferenzen, die deutlich größer als die hier betrachteten sind, ist somit die Anpassung der Segmentanzahl hin zu kleineren Abschnitten unerlässlich und muss bei der Berechnung berücksichtigt werden, um das Auftreten von Ungenauigkeiten zu vermeiden.

3 Ganzheitliche Modellierung

Während in Kapitel 2.3 der Fokus der Betrachtung auf einem einzelnen Halbleiterschenkel lag, liegt das Augenmerk dieses Kapitels auf dem gesamten thermoelektrischen Modul, welches aus den Komponenten Halbleiterschenkel, Lot, Kupferbrücke und Isolator aufgebaut wird. Die Erstellung eines ganzheitlichen Modells für das Gesamtsystem eines thermoelektrischen Moduls, welches das Zusammenspiel der einzelnen Komponenten Halbleiterschenkel, Lot, Kupferbrücke, Isolator sowie den Einfluss der verwendeten Materialien bezüglich der auftretenden thermischen und elektrischen Widerstände berücksichtigt, wird im Folgenden detailliert erläutert.

Dabei wird zuerst auf das Modellkonzept eingegangen, das sowohl für den thermoelektrischen Generator als auch die thermoelektrische Wärmepumpe verwendet werden kann. Im Anschluss daran findet die Erläuterung der in der Modellierung verwendeten Gleichungen sowie eine detaillierte Erklärung hinsichtlich der im Modell vorgesehenen Möglichkeit zur Segmentierung der Halbleiterschenkel statt.

3.1 Modellkonzept

Um ein detailliertes Simulationsmodell eines thermoelektrischen Moduls aufzubauen, welches in den Optimierungsprozess eines Gesamtsystems eingebunden werden kann, erfolgte die Erstellung des Konzeptes orientiert am Aufbau eines herkömmlichen thermoelektrischen Elements, wie er in Abbildung 3.1 dargestellt ist.

Ein handelsübliches Modul besteht in der Regel aus einer Mehrzahl an p- und n-dotierten Halbleiterpellets, welche über einen metallischen Leiter, z.B. Kupfer, so verbunden werden, dass sie elektrisch in Serie und thermisch parallel verschaltet sind. Der Kontakt zwischen den Halbleiterschenkeln und dem metallischen Leiter wird üblicherweise über einen Lötvorgang erreicht, wobei die Eigenschaften des eingesetzten Lots sowie die Beschaffenheit der Lotverbindung entscheidend sind für den auftretenden Kontaktwiderstand [31] und damit einhergehend für die Effizienz des gesamten Moduls [32]. Diese wird üblicherweise über den dimensionslosen Gütefaktor ZT angegeben, welcher als Produkt aus dem Gütefaktor Z (vgl. Gl. (2.18)) und der im Mittel am Halbleiterschenkel auftretenden Temperatur T definiert ist.

$$ZT = Z \cdot T \tag{3.1}$$

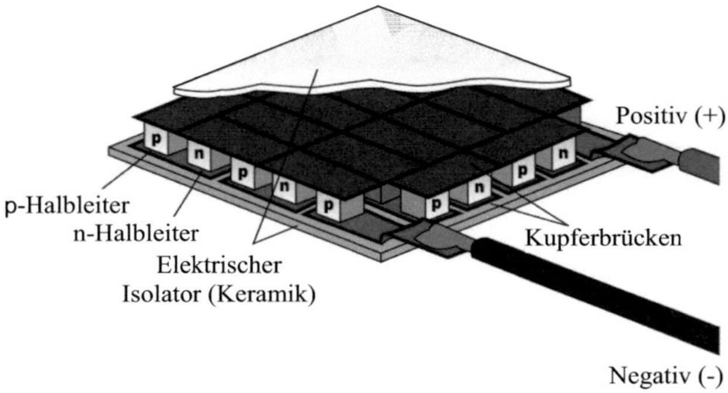

Abbildung 3.1: Aufbau eines thermoelektrischen Moduls [30]

Dabei beschreibt der Gütefaktor ZT jedoch nur die im Idealfall vorliegende Effizienz, so dass in der Realität z.T. nur deutlich geringere Effizienzen verwirklicht werden können, welche über den effektiven Gütefaktor ZT_{eff} angegeben werden.

Abbildung 3.2 stellt den Zusammenhang zwischen dem in einem thermoelektrischen Modul tatsächlich realisierbaren Gütefaktor ZT_{eff} in Bezug zu dem idealen Gütefaktor ZT und dem auftretenden elektrischen Kontaktwiderstand dar. [1]

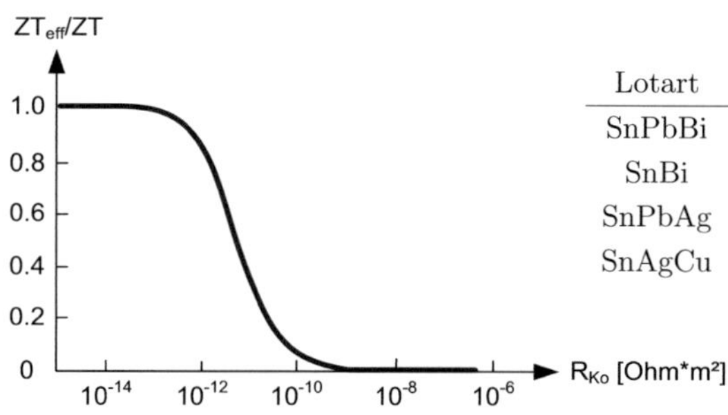

Lotart	$R_{Ko,min}$ $[10^{-10}\Omega m^2]$	$R_{Ko,max}$ $[10^{-10}\Omega m^2]$
SnPbBi	3.1	11.9
SnBi	8.8	50.6
SnPbAg	13.1	27.5
SnAgCu	25.0	191.2

Abbildung 3.2: Anführung des reaisierbaren Gütefaktors ZT_{eff} in Bezug zu dem idealen Gütefaktor ZT und dem auftretenden Kontaktwiderstand [31] sowie Angaben zu derzeit realisierbaren Kontaktwiderständen unterschiedlicher Lotarten[32]

[1] Der elektrische Kontaktwiderstand R_{Ko} $[\Omega m^2]$ entspricht nicht mit dem ohmschen Widerstand R $[\Omega]$ und ist dementsprechend nicht mit diesem zu verwechseln.

Anhand der Abbildung wird deutlich, dass der erzielte elektrische Kontaktwiderstand für den Aufbau eines effizienten Moduls, dessen Gütefaktor nahe dem maximal erreichbaren Gütefaktor ZT liegt, maximal in der Größenordnung von $10^{-11}\Omega m^2$ liegen darf. Wie die in der Abbildung zusätzlich dargestellte Tabelle zeigt, liegen die derzeit realisierbaren Kontaktwiderstände jedoch in der Größenordnung von 10^{-10} Ωm^2, was eine signifikante Reduzierung der erzielbaren Leistungen und der Moduleffizienz nach sich zieht.

Um einen Kurzschluss zwischen den Halbleiterpellets zu verhindern, sind die Module mit einer elektrischen Isolationsschicht, üblicherweise Keramik, ausgestattet, welche im Anwendungsfall in Kontakt mit einer Wärmesenke bzw. -quelle steht. Das dabei am häufigsten eingesetzte keramische Material ist Aluminiumoxid (Al_2O_3), dessen charakteristische Eigenschaften in Tabelle 3.1 mit denen anderer keramischer Isolationsmaterialien verglichen werden.

Eigenschaft	Al_2O_3	BeO	AlN	$LTCC$
max. Temperatur [$°C$]	> 1500	> 1800	> 1400	900
TEC [$10^6/K$]	7.5	8.5	3.4	5.0 - 7.0
λ [W/m · K]	20	230	150	4 - 6
Kostenfaktor	1	50	< 40	10

Tabelle 3.1: Zusammenstellung von charakteristischen Eigenschaften unterschiedlicher keramischer Isolationsmaterialien [33]

Anhand der Tabelle ist eindeutig zu erkennen, dass der Einsatz von Aluminiumoxid zwar mit den geringsten Kosten verbunden ist, das Material in Bezug auf die thermische Leitfähigkeit λ und den thermischen Ausdehnungskoeffizienten TEC (in der Literatur auch als β bezeichnet) jedoch deutlich schlechter abschneidet als die anderen Isolationsmaterialien. Besonders die geringe Wärmeleitfähigkeit, die im Vergleich zehnmal kleiner als die von Aluminium ($\lambda = 200$ W/m · K) ist, stellt für den Aufbau eines effizienten thermoelektrischen Moduls ein großes Problem dar, da der daraus resultierende, vergleichsweise hohe, thermische Widerstand zu einer signifikanten Verringerung der am Modul auftretenden Wärmeströme führt.

Entsprechend dieser Überlegungen wurden für das Modellkonzept die Komponenten Halbleitermaterial, Lot, Metallbrücke und Isolator als die Bestandteile eines thermoelektrischen Moduls identifiziert, welche in einem detaillierten Simulationsmodell berücksichtigt werden müssen. Um den Einfluss jeder dieser Komponenten auf die Effizienz des Moduls und somit auf die Leistungsfähigkeit eines Gesamtsystems analysieren zu können, wurde dementsprechend explizit zwischen diesen Bauteilen unterschieden, wobei neben den üblichen Geometrieangaben auch die thermischen und elektrischen

Widerstände der eingesetzten Materialien in die Modellierung einflossen. Dadurch ist es möglich, alle an den Kontaktstellen zwischen den Bauteilen auftretenden Temperaturen und Wärmeströme zu berechnen und die Effizienz des thermoelektrischen Moduls zu optimieren.

In diesem ganzheitlichen Konzept, welches sowohl für die Anwendung als Wärmepumpe als auch für den Einsatz in der Energiegewinnung genutzt werden kann, wird dabei für die Bezeichnung der einzelnen Bauteile sowie der auftretenden Temperaturen und Wärmeströme die in Abbildung 3.3 dargestellte Notation verwendet.

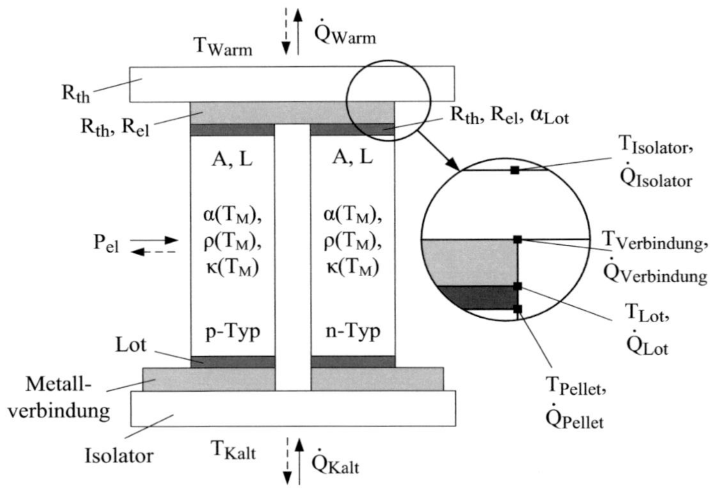

Abbildung 3.3: Detaillierte Darstellung der in einem thermoelektrischen Modul verwendeten Bauteile und der in der Modellierung benutzten Bezeichnungen

Für die Berechnung der am thermoelektrischen Modul auftretenden Temperaturen und Wärmeströme ist eine qualitative Vorstellung der innerhalb des Moduls vorliegenden Temperaturbedingungen notwendig. Je nach Betriebsweise treten in den einzelnen Bauteilen unterschiedliche Temperaturen auf, wie es in Abbildung 3.4 qualitativ exemplarisch dargestellt ist.

Wie die Abbildung zeigt, tritt bei der Verwendung als thermoelektrische Wärmepumpe die höchste bzw. niedrigste Temperatur an den Enden des Halbleiterpellets auf, bedingt durch den aufgrund des Stromflusses hervorgerufenen Peltier-Effekt. Im Gegensatz dazu kann beim thermoelektrischen Generator die höchste bzw. niedrigste Temperatur an der Oberfläche der Isolationsschicht verzeichnet werden, aufgeprägt durch die gewählte Wärmequelle bzw. -senke.

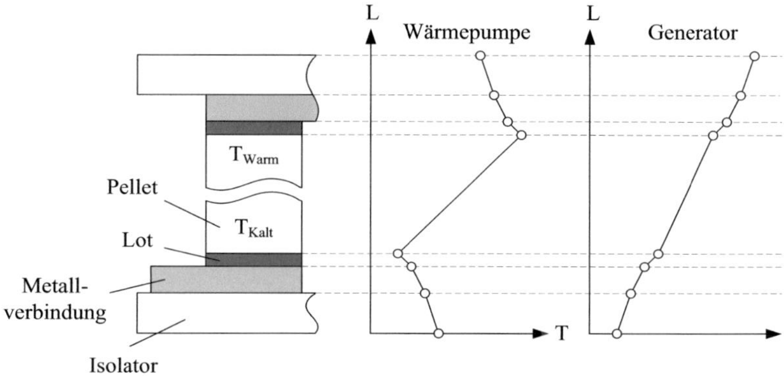

Abbildung 3.4: Qualitative Darstellung der in den einzelnen Bauteilen auftretenden Temperaturverhältnisse in Abhängigkeit der möglichen Betriebsweisen

Auf Basis dieser Vorüberlegungen erfolgt die Berechnung der bei der Wärmepumpe erzielten Temperaturen und Wärmeströme ausgehend vom Halbleitermaterial von innen nach außen, während die Betrachtung am thermoelektrischen Generator von außen nach innen erfolgt, beginnend mit den an der Isolationsschicht aufgeprägten Temperaturen und Wärmeströmen.

3.2 Modellierung der Komponenten

Die Modellierung der Modulkomponenten wird exemplarisch für die thermoelektrische Wärmepumpe dargestellt, wobei jedoch die aufgestellten Bilanzgleichungen analog für den thermoelektrischen Generator verwendet werden können. Dabei ist lediglich der im Modul vorliegende Temperaturverlauf zu berücksichtigen, welcher sich entsprechend auf die in den Bilanzen verwendeten Vorzeichen der Wärmeströme und Temperaturen auswirkt.

Für die in dem Modell verwendeten charakteristischen Materialparameter werden konstante Werte eingesetzt, was nach den Ergebnissen von Kapitel 2.3 zulässig ist, da dies die Modellgenauigkeit nur zu einem vernachlässigbaren Grad beeinflusst, jedoch zu einer deutlich geringeren Komplexität des Modells führt.

3.2.1 Halbleiterschenkel

Für ein thermoelektrisches Modul, welches analog zu Abbildung 3.1 aus $N = 1...i$ Halbleiterpaaren, bestehend aus n- und p-dotiertem Material, aufgebaut ist, können die charakteristischen Größen Seebeck-Koeffizient S, Wärmeleitwert K und elektrischer Widerstand R der gesamten Halbleiterpaare über die Gleichungen [34]

$$S = N \cdot (\alpha_p - \alpha_n) \tag{3.2}$$

$$K = N \cdot \left(\frac{\kappa_p \cdot A_p}{L_p} + \frac{\kappa_n \cdot A_n}{L_n} \right) \tag{3.3}$$

$$R = N \cdot \left(\frac{\rho_p \cdot L_p}{A_p} + \frac{\rho_n \cdot L_n}{A_n} \right) \tag{3.4}$$

definiert werden, welche die relevanten Materialparameter α, κ und ρ der n- und p-dotierten Halbleiterpellets sowie deren geometrische Abmessungen berücksichtigen. Dabei werden - wie eingangs bereits erwähnt - konstante Werte für die Materialparameter verwendet, welche bei der mittleren Temperatur $T_M = (T_{Warm} + T_{Kalt})/2$ ermittelt werden.

Fließt ein Strom durch das thermoelektrische Modul, aufgrund dessen sich, wie in Abbildung 3.5 dargestellt, ein Temperaturgradient über die Halbleiterschenkel ausbildet, so können die an beiden Seiten der Pellets auftretenden Wärmeströme über die in Abschnitt 2.2.2 bereits erläuterten Beziehungen

$$\dot{Q}_{Kalt,Pellet} = S \cdot I \cdot T_{Kalt,Pellet} - K \cdot (T_{Warm,Pellet} - T_{Kalt,Pellet}) - \frac{1}{2} \cdot R \cdot I^2 \tag{3.5}$$

$$\dot{Q}_{Warm,Pellet} = S \cdot I \cdot T_{Warm,Pellet} - K \cdot (T_{Warm,Pellet} - T_{Kalt,Pellet}) + \frac{1}{2} \cdot R \cdot I^2 \tag{3.6}$$

beschrieben werden.

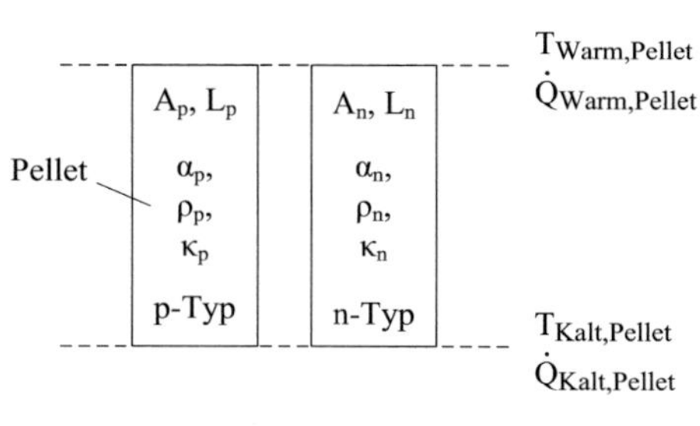

Abbildung 3.5: Erklärende Darstellung bezüglich der für die Berechnung der am Pellet auftretenden Wärmeströme und Temperaturen verwendeten Bezeichnungen

3.2.2 Lötverbindung

Durch die Lötverbindung zwischen den Halbleiterpellets und den metallischen Verbindungsbrücken wird eine zusätzliche Zwischenschicht zwischen die Bauteile eingefügt, deren Eigenschaften und Beschaffenheit sowohl einen thermischen als auch einen elektrischen Widerstand darstellt. Durch auftretende Diffusion aufgrund von Kapillarwirkung werden zudem auch die Materialeigenschaften des Halbleitermaterials beeinflusst. Die Beeinträchtigung der Halbleitermaterialien wird über die Verwendung eines entsprechenden thermischen und elektrischen Kontaktwiderstands, $R_{Ko,th}$ und $R_{Ko,el}$ sowie des Seebeck-Koeffizienten α_{Lot} des eingesetzten Lots berücksichtigt, wie es in Abbildung 3.6 schematisch dargestellt ist.

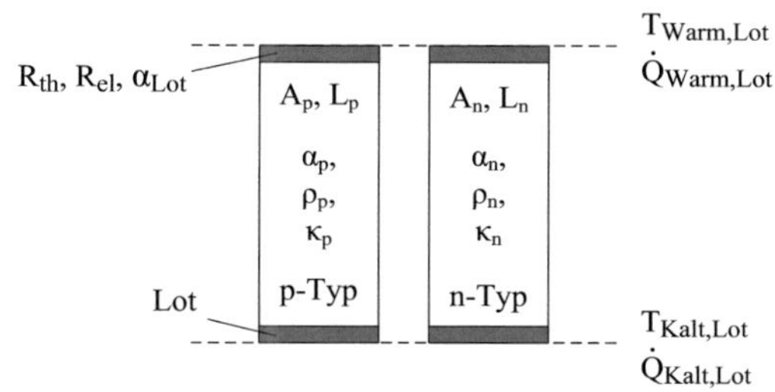

Abbildung 3.6: Erklärende Darstellung bezüglich der für die Berechnung der am Lot auftretenden Wärmeströme und Temperaturen verwendeten Bezeichnungen

Die Berücksichtigung der Loteigenschaften und ihres Einflusses führt zu der Verwendung von sogenannten effektiven Materialparametern, welche für die n- bzw. p-dotierten Halbleiterschenkel über die folgenden Gleichungen berechnet werden können [35].

$$\alpha_{eff} = \frac{\alpha + 2 \cdot \alpha_{Lot} \cdot R_{Ko,th} \cdot \frac{\kappa}{L}}{1 + 2 \cdot R_{Ko,th} \cdot \frac{\kappa}{L}} \tag{3.7}$$

$$\kappa_{eff} = \frac{\kappa}{1 + 2 \cdot R_{Ko,th} \cdot \frac{\kappa}{L}} \tag{3.8}$$

$$\rho_{eff} = \frac{1}{\rho + R_{Ko,el} \cdot \frac{2}{L}} \tag{3.9}$$

Um den effektiven Wärmeleitwert K_{eff}, den effektiven elektrischen Widerstand R_{eff} und den effektiven Seebeck-Koeffizienten S_{eff} eines Moduls mit N Halbleiterpaaren zu berechnen, werden erneut die Gleichungen (3.2), (3.3) und (3.4) herangezogen, in denen die Materialparameter der Halbleitermaterialien durch die entsprechenden effektiven

Materialparameter ersetzt werden.

$$S_{eff} = N \cdot (\alpha_{eff,p} - \alpha_{eff,n}) \tag{3.10}$$

$$K_{eff} = N \cdot \left(\frac{\kappa_{eff,p} \cdot A_p}{L_p} + \frac{\kappa_{eff,n} \cdot A_n}{L_n} \right) \tag{3.11}$$

$$R_{eff} = N \cdot \left(\frac{\rho_{eff,p} \cdot L_p}{A_p} + \frac{\rho_{eff,n} \cdot L_n}{A_n} \right) \tag{3.12}$$

Um die Temperaturen am Kontaktpunkt zwischen der Lotschicht und den metallischen Verbindungsbrücken zu berechnen, werden die Gleichungen (3.5) und (3.6) derart modifiziert, dass die Parameter der charakteristischen Halbleitereigenschaften mit dem effektiven Seebeck-Koeffizienten sowie der effektiven Wärmeleitfähigkeit und dem effektiven elektrischen Widerstand substituiert werden.

$$\dot{Q}_{Kalt,Lot} = S_{eff} \cdot I \cdot T_{Kalt,Lot} - K_{eff} \cdot (T_{Warm,Lot} - T_{Kalt,Lot}) - \frac{1}{2} \cdot R_{eff} \cdot I^2 \tag{3.13}$$

$$\dot{Q}_{Warm,Lot} = S_{eff} \cdot I \cdot T_{Warm,Lot} - K_{eff} \cdot (T_{Warm,Lot} - T_{Kalt,Lot}) + \frac{1}{2} \cdot R_{eff} \cdot I^2 \tag{3.14}$$

Die unbekannte Kälteleistung $\dot{Q}_{Kalt,Lot}$ kann über das Fouriersche Gesetz der Wärmeleitung bestimmt werden, wobei der thermische Kontaktwiderstand als Ursache für die anliegende Temperaturdifferenz auftritt.

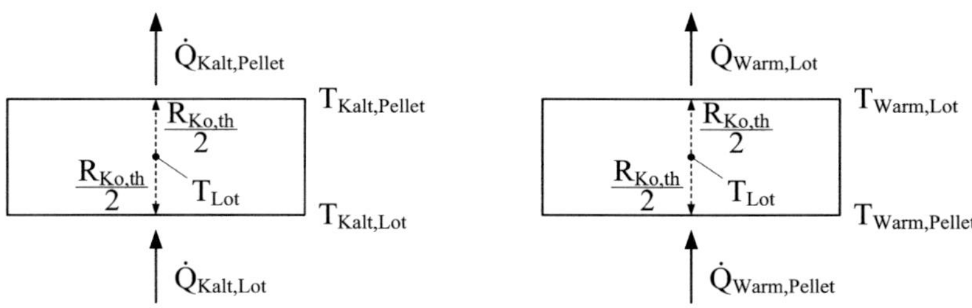

Abbildung 3.7: Erklärende Darstellung für die Berechnung der an der Lotschicht auftretenden Wärmeströme und Temperaturen

Entsprechend der Darstellung in Abbildung 3.7 kann die Kälteleistung am Kontaktpunkt zwischen der Lotschicht und den Kupferbrücken unter Verwendung der an den Halbleiterschenkeln auftretenden Kälteleistung und Temperatur über die folgenden Gleichungen ermittelt werden, wobei die Variable T_{Lot} die Temperatur in der Mitte der jeweiligen Lötstelle bezeichnet.

$$\dot{Q}_{Kalt,Pellet} = 2 \cdot \frac{T_{Lot} - T_{Kalt,Pellet}}{R_{Ko,th}} \tag{3.15}$$

$$\dot{Q}_{Kalt,Lot} = 2 \cdot \frac{T_{Kalt,Lot} - T_{Lot}}{R_{Ko,th}} \tag{3.16}$$

Analog dazu kann die an der warmen Seite zwischen Lotschicht und Kupferbrücken auftretende Heizleistung über den folgenden Gleichungssatz ermittelt werden.

$$\dot{Q}_{Warm,Pellet} = 2 \cdot \frac{T_{Warm,Pellet} - T_{Lot}}{R_{Ko,th}} \tag{3.17}$$

$$\dot{Q}_{Warm,Lot} = 2 \cdot \frac{T_{Lot} - T_{Warm,Lot}}{R_{Ko,th}} \tag{3.18}$$

3.2.3 Metallverbindung

Nachdem die Wärmeströme und Temperaturen an der Kontaktstelle zwischen Lot und Verbindungsbrücke bekannt sind, können im nächsten Schritt die am Kontaktpunkt von metallischer Verbindung und Isolationsmaterial auftretenden Temperaturen und Wärmeströme berechnet werden. Obwohl darauf geachtet wird, dass die metallischen Verbindungsbrücken über eine sehr gute thermische und elektrische Leitfähigkeit verfügen, treten auch in diesem Bauteil Verluste auf, die über die entsprechenden Widerstände berücksichtigt werden müssen.

Die Berechnung des thermischen und elektrischen Widerstandes, $R_{Verbindung,th}$ und $R_{Verbindung,el}$, der Verbindungen erfolgt über die geometrischen Abmessungen, die Materialdicke δ und die Querschnittsfläche A sowie spezifischen Materialeigenschaften des eingesetzten Metalls. Ebenfalls fließt die Anzahl der Schenkelpaare in die Berechnung der Widerstände mit ein, deren Halbleiterpellets elektrisch in Serie und thermisch parallel geschaltet sind. Die auftretenden Widerstände werden dementsprechend über die folgenden Gleichungen definiert, wobei λ die thermische Leitfähigkeit und ρ den spezifischen elektrischen Widerstand bezeichnet.

$$R_{Verbindung,el} = \frac{\rho \cdot \delta \cdot N}{A} \tag{3.19}$$

$$R_{Verbindung,th} = \frac{\delta}{\lambda \cdot A \cdot N} \tag{3.20}$$

Nach Berechnung der Widerstände können die an der Kontaktstelle auftretenden Wär- meströme über die aus dem elektrischen Widerstand der Metallverbindung resultierenden Verluste ermittelt werden. Dabei wird auch hier die Joulesche Wärme zu gleichen Teilen der warmen und der kalten Seite zugerechnet, was zu einer entsprechenden Verringerung der Heiz- und Kälteleistung führt.

$$\dot{Q}_{Kalt,Verbindung} = \dot{Q}_{Kalt,Lot} - \frac{R_{Verbindung,el} \cdot I^2}{2} \tag{3.21}$$

$$\dot{Q}_{Warm,Verbindung} = \dot{Q}_{Warm,Lot} - \frac{R_{Verbindung,el} \cdot I^2}{2} \tag{3.22}$$

Die dazugehörigen Temperaturen lassen sich wiederum über das Gesetz der Wärmeleitung berechnen, wobei der thermische Widerstand des Metalls die Temperaturdifferenz zwischen den betrachteten Kontaktstellen hervorruft. Für die Berechnung der auftretenden Kaltseitentemperatur werden die Beziehungen

$$\dot{Q}_{Kalt,Lot} = 2 \cdot \frac{T_{Verbindung} - T_{Kalt,Lot}}{R_{Verbindung,th}} \tag{3.23}$$

$$\dot{Q}_{Kalt,Verbindung} = 2 \cdot \frac{T_{Kalt,Verbindung} - T_{Verbindung}}{R_{Verbindung,th}} \tag{3.24}$$

und für die Berechnung der Warmseitentemperatur die analoge Bilanzierung

$$\dot{Q}_{Warm,Lot} = 2 \cdot \frac{T_{Warm,Lot} - T_{Verbindung}}{R_{Verbindung,th}} \tag{3.25}$$

$$\dot{Q}_{Warm,Verbindung} = 2 \cdot \frac{T_{Verbindung} - T_{Warm,Verbindung}}{R_{Verbindung,th}} \tag{3.26}$$

verwendet, worin der Parameter $T_{Verbindung}$ für die in der Mitte der jeweiligen Metallverbindung herrschende Temperatur steht. In Abbildung 3.8 werden die für die Berechnung der an der metallischen Verbindungsbrücke auftretenden Wärmeströme und Temperaturen verwendeten Begrifflichkeiten erklärend dargestellt.

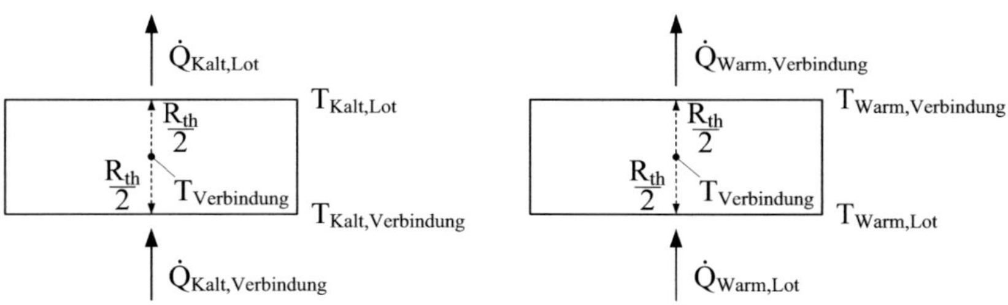

Abbildung 3.8: Erklärende Darstellung für die Berechnung der an der metallischen Verbindungsbrücke auftretenden Wärmeströme und Temperaturen

3.2.4 Isolationsschicht

Nach der Berechnung der an der Kontaktstelle zwischen metallischer Verbindung und Isolator auftretenden Wärmeströme und Temperaturen sind die an den Oberflächen der Isolationsschicht abgegebenen Heiz- und aufgenommenen Kälteleistung sowie die entsprechenden Temperaturen die einzigen Größen, die noch nicht identifiziert wurden. Da die elektrische Leitfähigkeit des Isolators gegen null geht und somit nur die Wärmeleitung eine Rolle spielt, ist der thermische Widerstand des Materials die alleinige Ursache für auftretende Verluste.

Analog zum thermischen Widerstand der metallischen Verbindungsbrücke kann auch der thermische Widerstand des Isolators über die Querschnittsfläche A und Dicke δ der Isolationsschicht sowie der Wärmeleitfähigkeit λ berechnet werden.

$$R_{Isolator,th} = \frac{\delta}{\lambda \cdot A} \tag{3.27}$$

Sobald der thermische Widerstand bekannt ist, lassen sich die an der warmen bzw. kalten Seite des Isolationsmaterials auftretenden Temperaturen über das Fouriersche Wärmeleitungsgesetz ermitteln, wobei die in der Mitte der jeweiligen Isolationsschicht herrschende Temperatur $T_{Isolator}$ mit einbezogen wird.

$$\dot{Q}_{Kalt,Verbindung} = 2 \cdot \frac{T_{Isolator} - T_{Kalt,Verbindung}}{R_{Isolator,th}} \tag{3.28}$$

$$\dot{Q}_{Kalt,Isolator} = 2 \cdot \frac{T_{Kalt,Isolator} - T_{Isolator}}{R_{Isolator,th}} \tag{3.29}$$

$$\dot{Q}_{Warm,Verbindung} = 2 \cdot \frac{T_{Warm,Verbindung} - T_{Isolator}}{R_{Isolator,th}} \tag{3.30}$$

$$\dot{Q}_{Warm,Isolator} = 2 \cdot \frac{T_{Isolator} - T_{Warm,Isolator}}{R_{Isolator,th}} \tag{3.31}$$

Abbildung 3.9 veranschaulicht die für die Berechnung der an der metallischen Verbindungsbrücke auftretenden Wärmeströme und Temperaturen verwendeten Begrifflichkeiten.

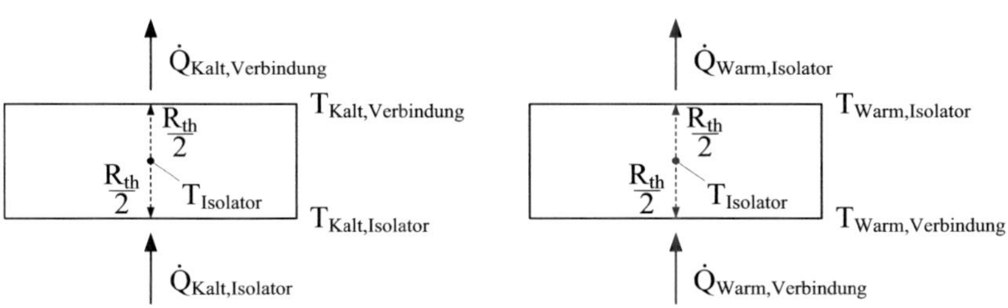

Abbildung 3.9: Erklärende Darstellung für die Berechnung der an der Isolationsschicht auftretenden Wärmeströme und Temperaturen

Für die Berechnung der vom thermoelektrischen Element an die Umgebung abgegebene Heizleistung bzw. der aus der Umgebung aufgenommene Kälteleistung werden die folgenden Gleichungen herangezogen, die auf dem Fourierschen Gesetz der Wärmeleitung basieren.

$$\dot{Q}_{Warm,Isolator} = \frac{T_{Warm,Lot} - T_{Warm,Isolator}}{R_{th}} \tag{3.32}$$

$$\dot{Q}_{Kalt,Isolator} = \frac{T_{Kalt,Isolator} - T_{Kalt,Lot}}{R_{th}} \tag{3.33}$$

Der darin verwendete Wärmeleitwiderstand R_{th} entspricht dabei der Summe der thermischen Widerstände der Metallverbindungen $R_{Verbindung,th}$ und des Isolationsmaterials $R_{Isolator,th}$.

3.2.5 Anwendungsspezifische Gleichungen

Während sich die im thermoelektrischen Modul verbauten Komponenten in gleicher Weise für die Anwendung als Wärmepumpe und den Einsatz als Generator modellieren lassen, so müssen in den Modellen auch Beziehungen und Zusammenhänge berücksichtigt werden, die anwendungsspezifisch und damit nicht übertragbar sind. Diese Beziehungen werden im Folgenden näher erläutert.

Thermoelektrische Wärmepumpe

Um das thermoelektrische Element als Wärmepumpe zu betreiben, wird durch Anlegen einer elektrischen Leistung eine Temperaturdifferenz zwischen den beiden Enden des Halbleiterschenkels hervorgerufen. Nach der Berechnung aller an den Kontaktstellen der einzelnen Bauteile auftretenden Wärmeströme und Temperaturen kann die dem thermoelektrischen Modul zugeführte elektrische Leistung sowohl über das Produkt aus erzeugter Spannung und Stromstärke, als auch über die Beziehung

$$P_{el} = S \cdot\ I \cdot (T_{Warm,Pellet} - T_{Kalt,Pellet}) + R_{Ges} \cdot I^2 \tag{3.34}$$

ermittelt werden. Der zu überwindende Gesamtwiderstand R_{Ges} setzt sich aus den Widerständen aller elektrisch leitenden Komponenten zusammen und lässt sich wie folgt definieren.

$$R_{Ges} = (R_{eff} + 2 \cdot R_{Verbindung,el}) \tag{3.35}$$

Thermoelektrischer Generator

Das Aufprägen einer Temperaturdifferenz auf die Isolationsschichten des thermoelektrischen Generatormoduls führt zur Erzeugung einer nutzbaren elektrischen Leistung. Die im Betrieb auftretende Stromstärke I berechnet sich - wie bereits in Abschnitt 2.2.3 erläutert - unter Berücksichtigung des negativen Einflusses des Kontaktwiderstands über die Gleichung

$$I = \frac{S_{eff} \cdot (T_{Warm,Pellet} - T_{Kalt,Pellet})}{R_{eff} + R_{Last}}, \tag{3.36}$$

während die entsprechend anliegende Spannung über die Beziehung

$$U_{Last} = R_{Last} \cdot I \tag{3.37}$$

gegeben ist.

Nachdem alle an den Kontaktstellen der Komponenten auftretenden Wär- meströme und Temperaturen sowie die erzeugte Spannung und Stromstärke bekannt sind, lässt sich die resultierende elektrische Leistung berechnen. Diese entspricht sowohl dem Produkt aus erzeugter Spannung und Stromstärke als auch der Differenz der am Pellet ein bzw. austretenden Wärmeströme, welche jedoch durch auftretende Wärmestrahlungsverluste dezimiert wird.

$$P_{el} = \dot{Q}_{Warm,Pellet} - \dot{Q}_{Kalt,Pellet} - \dot{Q}_{Str} \tag{3.38}$$

Die zwischen den Halbleiterpellets und der Umgebung auftretende Wärmestrahlung ist über das Stefan-Boltzmann-Gesetz für einen allseits umschlossenen Körper gegeben (Umgebung umschließt Halbleiterpellets), wobei die Größen ϵ und σ den Emissionsgrad und die Stefan-Boltzmann-Konstante bezeichnen.

$$\dot{Q}_{Str} = \epsilon \cdot \sigma \cdot N \cdot A \cdot (T^4_{Warm,Pellet} - T^4_{Umg}) \tag{3.39}$$

3.3 Segmentierung der Halbleiterschenkel

In der letzten Dekade hat die Materialforschung viele neuartige, effiziente Materialien entwickeln können [3], mit denen der Einsatz thermoelektrischer Systeme in neuen Anwendungsbereichen möglich wird. Dabei kann für alle thermoelektrischen Materialien eine optimale Einsatztemperatur identifiziert werden, an welcher der dimensionslose Gütefaktor ZT einen maximalen Wert annimmt (vgl. Abb. 2.2). Dementsprechend besitzt jedes Material einen Temperaturbereich, in dem es die höchsten Wirkungsgrade erzielt und bevorzugt betrieben werden sollte, weswegen sich die thermoelektrischen Halbleiter in die Kategorien Hoch-, Mittel- und Niedrigtemperatur-Materialien einteilen lassen.

Für Anwendungen mit konstanter Temperaturdifferenz zwischen warmer und kalter Seite kann somit relativ problemlos ein passendes Material ausgewählt werden, welches unter den gegebenen Betriebsbedingungen einen möglichst hohen Wirkungsgrad aufweist. Um auch in Anwendungen mit gleitenden Temperaturänderungen, wie sie z.B. bei der Energiegewinnung aus Verbrennungsabgasen auftritt, eine möglichst hohe Effizienz der eingesetzten thermoelektrischen Module gewährleisten zu können, wird immer häufiger auf segmentierte Elemente zurückgegriffen. Bei der Segmentierungstechnik handelt es sich um die geschickte Kombinierung verschiedener Materialien, welche die optimale Anpassung thermoelektrischer Module an ein beliebiges Temperaturfeld ermöglicht, wie es in Abbildung 3.10 schematisch dargestellt ist.

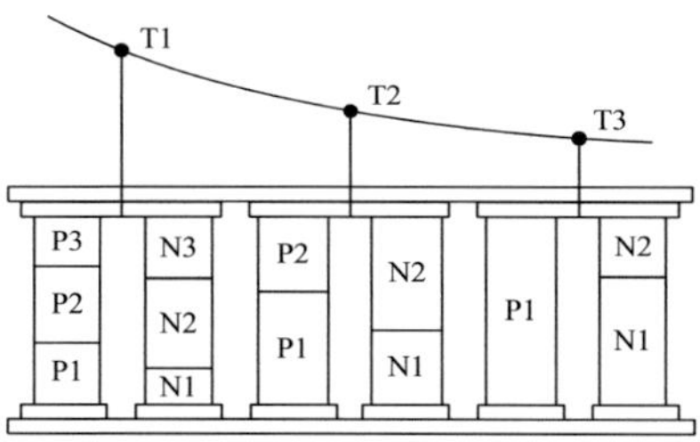

Abbildung 3.10: Schematische Darstellung des Segmentierungsgrades eines Halbleiterschenkels in Abhängigkeit vom aufgeprägten Temperaturprofil [38]

Die Abbildung zeigt, dass für unterschiedliche Temperaturbedingungen verschiedene Segmentierungsgrade der Halbleiterschenkel verwendet werden, wobei der Segmentierungsgrad mit abnehmendem Temperaturgradienten sinkt. Durch die Anpassung des Segmentierungsgrades an das vorliegende Temperaturfeld wird gewährleistet, dass alle eingesetzten Materialien bei günstigsten Betriebsbedingungen verwendet werden, was im Vergleich zu einem Halbleiterpellet, bestehend aus nur einem Material, zu einer Erhöhung des Wirkungsgrades führt. Da durch die Segmentierung der Schenkel die untere und obere Grenze der vom Modul nutzbaren Temperaturdifferenz erniedrigt bzw. erhöht werden kann, kann diese Technik sowohl bei thermoelektrischen Wärmepumpen [39] als auch bei thermoelektrischen Generatoren [40] eingesetzt werden, wobei der Einsatz im Bereich der Energierückgewinnung jedoch deutlich häufiger auftritt.

Neben den erwähnten Vorteilen der Segmentierung birgt diese Technik jedoch gewisse Schwierigkeiten, welche für eine erfolgreiche Steigerung des Wirkungsgrades zu berücksichtigen sind. So ist die Effizienz des segmentierten Schenkels von den verwendeten Halbleitermaterialien abhängig und kann bei einer ungünstig gewählten Materialkombination durchaus geringer ausfallen, als bei einem entsprechenden Halbleiterschenkelpellet bestehend aus nur einem Material. Um geeignete Materialkombinationen für ein effizientes, segmentiertes thermoelektrisches Modul identifizieren zu können, muss somit die Kompatibilität der eingesetzten Materialien gegeben sein.

Um dies zu gewährleisten, kommt in der Modellierung des segmentierten Halbleiterschenkels ein so genannter Kompatibilitätsfaktor zum Einsatz, dessen Verwendung im Folgenden näher erläutert wird.

Der Wirkungsgrad η eines Systems ist definiert über den Carnotschen Wirkungsgrad η_C und einen reduzierten Wirkungsgrad η_R, gegeben über den zweiten Hauptsatz der Thermodynamik, deren Verhältnis zueinander über $\eta = \eta_C \cdot \eta_R$ mit $\eta_C = \frac{(T_{Warm} - T_{Kalt})}{T_{Kalt}}$ beschrieben ist.

Der reduzierte Wirkungsgrad für einen thermoelektrischen Halbleiterschenkel wird dabei über

$$\eta_R = \frac{u \cdot \frac{\alpha}{z} \cdot \left(1 - \frac{\alpha}{z}\right)}{u \cdot \frac{\alpha}{z} + \frac{1}{z \cdot T}} \tag{3.40}$$

definiert [18], wobei α den Seebeck-Koeffizienten, z den thermoelektrischen Gütefaktor $z = \alpha^2/(\kappa \cdot \rho)$ des betrachteten Pellets und T die mittlere Temperatur bezeichnet.

Die relative Stromdichte u ist über den Quotienten aus der elektrischen Stromdichte und der durch Wärmeleitung hervorgerufenen Wärmestromdichte gegeben

$$u = \frac{j}{\kappa \cdot \nabla T} \tag{3.41}$$

und stellt eine Schlüsselvariable für die effiziente Segmentierung eines Halbleiterschenkels dar. Da alle Materialsegmente im Halbleiterschenkel elektrisch und thermisch in Reihe geschaltet sind, muss in allen Materialien dieselbe elektrische Stromdichte und ein ähnlicher Wärmeleitungsstrom auftreten, damit der Schenkel thermische Energie effizient in elektrische Energie umwandeln kann [41]. Ist dies nicht der Fall, so kommt es zwischen den relativen Stromdichten u der einzelnen Segmente zu signifikanten Unterschieden und es kann keine gemeinsame elektrische Stromdichte für die Halbleitersegmente gefunden werden, weswegen eine Kombination dieser Halbleitermaterialien keine Wirkungsgradverbesserung erzielen wird.

Die Auftragung des reduzierten Wirkungsgrades über die relative Stromdichte ist in Abbildung 3.11 für ausgewählte n- und p-dotierte Halbleitermaterialien dargestellt. Dabei weisen die Kurvenverläufe von n- dotierten Materialien aufgrund ihrer Beschaffenheit negative Werte auf, während für die p-dotierten Halbleiter positive Werte charakteristisch sind.

Es ist zu erkennen, dass der Verlauf des reduzierten Wirkungsgrades in Abhängigkeit von der relativen Stromdichte für alle Materialien ein Maximum aufweist, welches in der Abbildung mit einem Kreis gekennzeichnet ist. Die Kurven zeigen somit einen Verlauf, welcher vergleichbar ist mit dem der Kälteleistung einer thermoelektrischen

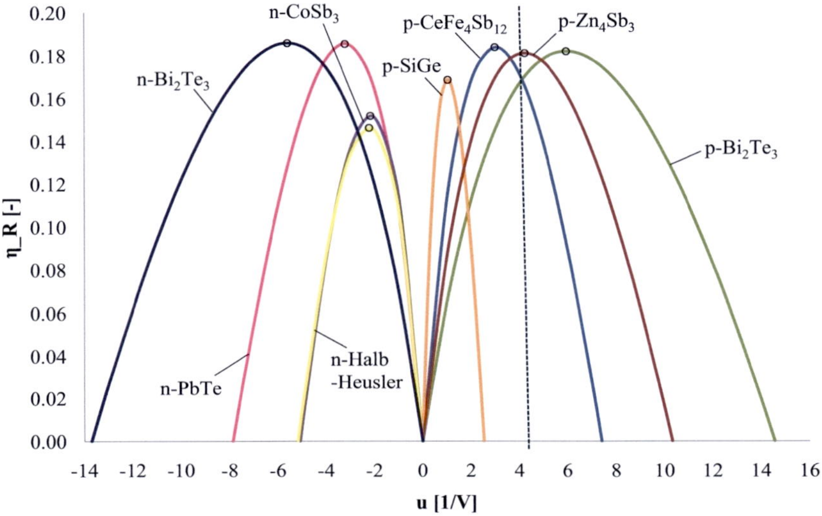

Abbildung 3.11: Abhängigkeit des reduzierten Wirkungsgrades η_R verschiedener Halbleitermaterialien von der relativen Stromstärke u

Wärmepumpe bzw. der elektrischen Leistung eines thermoelektrischen Generators, bezogen auf die auftretende Stromstärke. Sowohl beim thermoelektrischen Generator als auch bei der thermoelektrischen Wärmepumpe kann eine optimale Stromstärke identifiziert werden, bei welcher die vom Modul maximal erzielbare elektrische Leistung bzw. Kälteleistung auftritt (vgl. Abschnitt 2.2.2).

Die im Kurvenverlauf des reduzierten Wirkungsgrades auftretenden Extrempunkte können wie folgt charakterisiert werden: Während die an den Minima auftretende relative Stromdichte über $u = 0$ und $u = \frac{z}{\alpha}$ gegeben wird, kann der Wert, welcher den Punkt des maximalen reduzierten Wirkungsgrades kennzeichnet, über die Gleichung

$$s = \frac{\sqrt{1 + z \cdot T} - 1}{\alpha \cdot T} \tag{3.42}$$

berechnet werden. Dabei ist s der so genannte Kompatibilitätsfaktor, welcher - wie der Gütefaktor z - nur von den temperaturabhängigen Materialeigenschaften des verwendeten Halbleiters abhängig ist.

Für die effiziente Kombination verschiedener Halbleitermaterialien ist der Kompatibilitätsfaktor eine essentielle Größe, die unbedingt in der Art berücksichtigt werden muß, dass sich die Faktoren der einzelnen Materialien maximal um den Faktor zwei unterscheiden. Ist das Verhältnis des Kompatibilitätsfaktors zweier Materialien größer als zwei, so kann die Kombination dieser Materialien die Effizienz des segmentierten Halbleiterschenkels im Vergleich mit einem entsprechenden Schenkel bestehend aus nur einem Material deutlich verringern [41]. Dies ist z.B. bei SiGe der Fall, welches trotz seines hohen Gütefaktors z aufgrund des geringen Kompatibilitätsfaktors nicht sinnvoll mit den anderen p-dotierten Materialien kombiniert werden kann (vgl. Abb. 3.11).

Dementsprechend sind nur Materialien zu kombinieren, deren Kompatibilitätsfaktoren nahe beieinander liegen, wobei gilt, dass der Wirkungsgrad des segmentierten Halbleiters umso größer ist, je näher die Faktoren beieinander liegen. Ist eine passende Materialkombination anhand des Kompatibilitätsfaktors identifiziert, so kann problemlos eine relative Stromdichte ermittelt werden, bei welcher alle Materialien einen reduzierten Wirkungsgrad nahe des maximalen Wirkungsgrads aufweisen. In der Abbildung ist dies exemplarisch für die Seltenerd-Verbindung $CeFe_4Sb_{12}$ sowie die Materialien Zinkantimonid (Zn_4Sb_3) und Wismuthtellurid (Bi_2Te_3) dargestellt, für die eine gemeinsame relative Stromdichte von u = 4.2 1/V zum Einsatz kommen würde, welche durch die gestrichelte Linie gekennzeichnet ist.

Für die Modellierung eines segmentierten thermoelektrischen Halbleiterschenkels bedeutet dies, dass für die eingesetzten Materialien $i = 1...n$ der Kompatibilitätsfaktor s, die relative Stromdichte u und der reduzierte Wirkungsgrad η_R über die Gleichungen berechnet und miteinander ins Verhältnis gesetzt bzw. abgestimmt werden müssen. Da für die Berechnung dieser Größen jedoch die Kenntnis der am Material anliegenden Temperaturen vorausgesetzt wird, müssen diese zuerst ermittelt werden. Um die Segmentierung der Halbleiterschenkelpellets in das Modell des Gesamtmoduls zu implementieren, werden die Beziehungen 3.5 und 3.6 durch die folgenden Gleichungen ersetzt

$$\dot{Q}_{Warm,i} = S_i \cdot I \cdot T_{Warm,i} + K_i \cdot (T_{Warm,i} - T_{Kalt,i}) - \frac{1}{2} R_i \cdot I^2 \tag{3.43}$$

$$\dot{Q}_{Kalt,i} = S_i \cdot I \cdot T_{Kalt,i} + K_i \cdot (T_{Warm,i} - T_{Kalt,i}) + \frac{1}{2} R_i \cdot I^2 - \dot{Q}_{Str,i} \tag{3.44}$$

$$\dot{Q}_{Str,i} = \epsilon \cdot \sigma \cdot A_i \cdot (T^4_{Warm,i} - T^4_{Umg}), \tag{3.45}$$

wobei der Seebeck-Koeffizient, der Wärmeleitwert und der elektrische Widerstand des Moduls bestehend aus N Schenkelpaaren über die Beziehungen

$$S_i = N \cdot (\alpha_{i,p} - \alpha_{i,n}) \tag{3.46}$$

$$K_i = N \cdot \left(\frac{\kappa_{i,p} \cdot A_{i,p}}{L_{i,p}} + \frac{\kappa_{i,n} \cdot A_{i,n}}{L_{i,n}} \right) \tag{3.47}$$

$$R_i = N \cdot \left(\frac{\rho_{i,p} \cdot L_{i,p}}{A_{i,p}} + \frac{\rho_{i,n} \cdot L_{i,n}}{A_{i,n}} \right) \tag{3.48}$$

berechnet werden. Dabei wird davon ausgegangen, dass die im Modul verwendeten p- und n-Schenkel jeweils dieselbe Anzahl an Halbleitersegmenten aufweisen.

Durch die Verbindung der einzelnen Halbleitersegmente mittels eines geeigneten Materials (Nickel, Molybdän, Kupfer, Indium) [42], entsteht zwischen den einzelnen Segmenten eine sehr dünne Zwischenschicht, welche in dem Modell bei der Berechnung des über diese Kontaktstellen von einem an das andere Segment weitergegebenen Wärmestroms und der dazugehörigen Temperatur berücksichtigt wird. Diese Berücksichtigung erfolgt über die Einbeziehung des thermischen und elektrischen Widerstands der Zwischenschicht, $R_{IF,th}$ und $R_{IF,el}$, so dass sich der von der kalten Seite des Segments i an die warme Seite des Segments $i+1$ übergebene Wärmestrom und die entsprechende Temperatur sowie die Temperatur T_{IF} in der Mitte der Zwischenschicht über die folgenden Beziehungen berechnen lassen.

$$\dot{Q}_{Kalt,i} = 2 \cdot \frac{(T_{Kalt,i} - T_{IF})}{R_{IF,th}} \tag{3.49}$$

$$\dot{Q}_{Warm,i+1} = 2 \cdot \frac{(T_{IF} - T_{Warm,i+1})}{R_{IF,th}} \tag{3.50}$$

$$\dot{Q}_{Warm,i+1} = \dot{Q}_{Kalt,i} - \frac{R_{IF,el} \cdot I^2}{2} \tag{3.51}$$

Die durch das thermoelektrische Material fließende Stromstärke sowie die auftretende Spannung und der wirksame elektrische Innenwiderstand des segmentierten Halbleiterschenkels ergeben sich dabei über die folgenden Gleichungen

$$I = \frac{U_{Seebeck}}{R_{Innen,Ges} + R_{Last}} = konstant \tag{3.52}$$

$$U_{Seebeck} = \sum_{i=1}^{n} \alpha_i \cdot (T_{Warm,i} - T_{Kalt,i}) \tag{3.53}$$

$$R_{Innen,Ges} = \sum_{i=1}^{n} R_{Innen,i} \tag{3.54}$$

Nachdem alle an den einzelnen Segmenten auftretenden Wärmeströme und Temperaturen bekannt sind, können der Kompatibilitätsfaktor, die relative Stromdichte und der reduzierte Wirkungsgrad eines jeden Segments berechnet werden, wobei im Folgenden für die Materialparameter α und κ konstante Werte verwendet werden und der Parameter T_M das arithmetische Mittel zwischen der anliegenden Warm- und Kaltseitentemperatur bezeichnet.

$$s_i = \frac{\sqrt{1 + z_i \cdot T_{M,i}} - 1}{\alpha_i \cdot T_{M,i}} \tag{3.55}$$

$$u_i = \frac{I}{A_i \cdot \kappa \cdot (T_{Warm,i} - T_{Kalt,i})} \tag{3.56}$$

$$\eta_{R,i} = \frac{u_i \cdot \frac{\alpha_i}{z_i} \cdot \left(1 - \frac{\alpha_i}{z_i}\right)}{u_i \cdot \frac{\alpha_i}{z_i} + \frac{1}{z_i \cdot T_{M,i}}} \tag{3.57}$$

Um für vorgegebene Randbedingungen die bestmögliche Materialkombination für ein segmentiertes thermoelektrisches Modul identifizieren zu können, wird davon ausgegangen, dass die im Modul verwendeten p- und n-dotierten Halbleiterschenkel jeweils dieselbe Anzahl an Halbleitersegmenten besitzen, wobei die sich entsprechenden Segmente aus Materialien bestehen, welche annähernd gleiche Gütefaktoren aufweisen. Unter diesen Randbedingungen ist es möglich, effiziente Materialkombinationen für ein gesamtes thermoelektrisches Generatormodul iterativ zu ermitteln, wobei sich die folgende Vorgehensweise empfiehlt:

1. Auswahl der Halbleitermaterialien und Abschätzung der notwendigen Anzahl an Segmenten, mit denen die aufgeprägte Temperaturdifferenz abgedeckt werden kann
2. Definition der einzelnen Segmentlängen und der Querschnittsfläche des Halbleiterschenkels
3. Berechnung der an den Halbleitersegmenten auftretenden Wärmeströme und Temperaturen
4. Ermittlung der Kompatibilitätsfaktoren, der relativen Stromdichten und der reduzierten Wirkungsgrade
5. Abgleich zwischen den berechneten Werten für den Kompatibilitätsfaktor. Ist das Verhältnis zwischen den Werten der einzelnen Materialien größer als Faktor zwei, muß die Materialkombination verändert werden
6. Überprüfung der Ergebnisse für die relative Stromdichte sowie die reduzierten Wirkungsgrade. Treten hierbei signifikante Unterschiede auf, so ist die Querschnittsfläche des Pellets oder die Länge der einzelnen Abschnitte zu optimieren
7. Wiederholung der einzelnen Schritte, bis das Verhältnis der Kompatibilitätsfaktoren kleiner als zwei ist und die Werte der relativen Stromdichten nur geringfügige Unterschiede aufweisen

4 Experimentelle Untersuchungen

Um eine Vorstellung von der Effizienz thermoelektrischer Module bei unterschiedlichsten Einsatzbedingungen zu erlangen, wurden handelsübliche Wismuttellurid-Elemente in unterschiedlichen Prototypen eingesetzt und unter definierten Randbedingungen vermessen.

Dabei kamen drei unterschiedliche Aufbauten für die Vermessung der Module hinsichtlich des Einsatzes als Wärmepumpe sowie ein Aufbau für die experimentelle Untersuchung thermoelektrischer Generatormodule zum Einsatz. Die aufgenommenen Daten wurden ausgewertet und diskutiert, wobei die Güte der Messdaten mit einer Fehleranalyse beurteilt wurde.

4.1 Aufbau der Prüfstände und Betriebsbedingungen

Um die thermoelektrischen Effekte in praktischen Anwendungen nutzen zu können, wurden die Module mit gebräuchlichen Wärmeübertragern kombiniert, wobei im Rahmen der hier erläuterten experimentellen Untersuchung Lamellen-Wärmeübertrager und Flachrohrkanäle zum Einsatz kamen. Beim Aufbau der Prototypen wurden die parallelgeschalteten thermoelektrischen Module und die verwendeten Wärmeübertrager so angeordnet, dass die eine Seite der Module in Kontakt mit dem einen, die zweite Seite in Kontakt mit dem anderen Wärmeübertrager stand. Um eine möglichst gute Wärmeleitung zwischen den thermoelektrischen Modulen und den Wärmeübertragern gewährleisten zu können, wurde zwischen diese Bauteile eine Schicht handelsüblicher Wärmeleitpaste aufgetragen. Die durch die Wärmeübertrager strömenden Fluide, in diesem Fall Luft und ein Wasser-Glykol-Gemisch (50:50), fungierten während des Betriebs des Prototypen als Wärmesenke bzw. Wärmequelle und wurden dementsprechend beim Durchströmen der Wärmeübertrager abgekühlt bzw. aufgeheizt.

Um den Wärmeaustausch zwischen dem eingesetzten Fluid und dem Flachrohrkanal zu erhöhen, wurden Barrieren in die verwendeten Kanäle eingebaut, wodurch eine Ablenkung des Strömungsverlaufs mit auftretenden Turbulenzen erzwungen wurde. Durch den im Kanal auftretende meandrierende Strömungsverlauf konnte ein Anstieg des Wärmeaustausches zwischen Fluid und Kanal aufgrund der auftretenden Turbulenzen realisiert werden, welche eine Verringerung der im Kanal auftretenden Totzonen zur Folge hatten.

Für die Lamellen-Wärmeübertrager kamen Wärmeübertrager mit gelouverten Lamellen zum Einsatz, wie sie handelsüblich erhältlich sind.

Je nach Kombination der vorhandenen Lamellen-Wärmeübertrager und Flachrohrkanäle ergaben sich verschiedene Wärmeübertragertypen, so dass zwei Flüssigkeiten, zwei Luftströme oder je ein Luftstrom und eine Flüssigkeit als Wärmesenke bzw. Wärmequelle fungieren konnten. Der Aufbau der Prüfstände sowie die bei der Vermessung der Prototypen eingestellten Betriebsbedingungen werden im Folgenden dargestellt und erläutert.

4.1.1 Thermoelektrische Wärmepumpe

Für die praktische Untersuchung thermoelektrischer Module hinsichtlich ihrer Effizienz in Heiz- und Klimatisierungsanwendungen kamen die Flachrohrkanäle und Lamellen-Wärmeübertrager in unterschiedlichen Kombinationen zum Einsatz, so dass die folgenden drei Wärmepumpen-Typen für die Aufnahme experimenteller Daten verwendet wurden:

Typ 1: Flüssigkeit-Flüssigkeit-Wärmepumpe

Bei der thermoelektrischen Flüssigkeit-Flüssigkeit-Wärmepumpe kommen zwei Flachrohrkanäle zum Einsatz, zwischen denen vier thermoelektrische Module (40 mm * 40 mm) angeordnet sind, wie es in Abbildung 4.1 dargestellt ist.

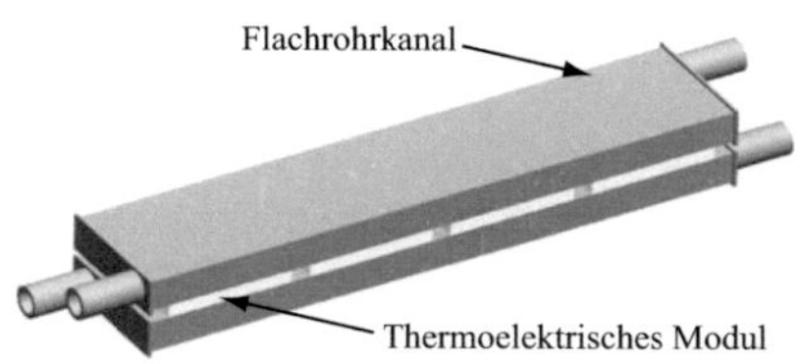

Abbildung 4.1: Aufbau der thermoelektrischen Flüssigkeit-Flüssigkeit-Wärmepumpe

Die Wärmepumpe kann sowohl im Gleich- oder im Gegenstrom, als auch mit zwei unterschiedlichen Fluiden betrieben werden. Für die experimentellen Untersuchungen wurde sie im Gegenstrom betrieben, wobei in beiden Flüssigkeitskreisläufen das bereits erwähnte Wasser-Glykol-Gemisch zum Einsatz kam und der in Abbildung 4.2 schematische dargestellte Prüfstandsaufbau verwendet wurde.

Um die Temperaturen an den Einläufen der Kanäle kontrollieren zu können, wurden zwei Prozessthermostaten in den Aufbau integriert, welche in der Lage sind die Flüssigkeitstemperaturen konstant zu halten und eventuell auftretende signifikante Änderun-

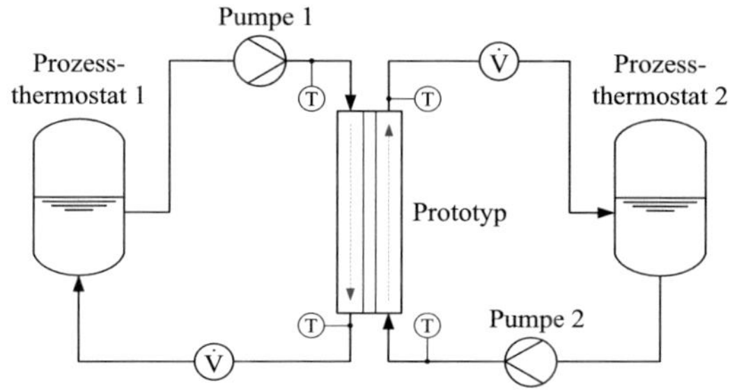

Abbildung 4.2: Schematische Darstellung des zur Vermessung der Flüssigkeit-Flüssigkeit-Wärmepumpe verwendeten Prüfstandsaufbaus

gen eigenständig auszuregeln. Über die in den Thermostaten befindlichen Pumpen wird das Flüssigkeitsgemisch in den Prototypen gepumpt und fließt nach Durchlaufen der Wärmeübertrager zurück in die Flüssigkeitstanks der Prozessthermostaten. Die Volumenströme können dabei über die an den Thermostaten einstellbare Pumpenstufe sowie zwei Handregelventile stufenlos geregelt und mittels handelsüblicher Wasseruhren aufgenommen und protokolliert werden. Neben den Volumenströmen und den Ein- und Austrittstemperaturen der Fluide werden die bei einer eingestellten Spannung von 15 V an den thermoelektrischen Modulen tatsächlich anliegenden Stromstärken und Spannungen mit Hilfe einer geeigneten Messtechnik aufgenommen.

Der Prototyp wurde für unterschiedliche Randbedingungen vermessen, wobei die Volumenströme jeweils auf 0.09 l/s eingestellt wurden und die in die Wärmetauscher eintretenden Flüssigkeiten während der Versuchsreihe jeweils die gleiche Temperatur aufwiesen. Um einen möglichst großen Anwendungsbereich abzudecken, kam die Wärmepumpe sowohl bei hohen als auch bei niedrigen Betriebstemperaturen zum Einsatz, wobei die Temperaturen der Wasser-Glykol-Gemische im Bereich zwischen 25°C und 40°C in Schritten von 5 K und im Bereich von 10°C bis -10°C in 10 K Schritten verändert wurden.

Typ 2: Luft-Flüssigkeit-Wärmepumpe

Die thermoelektrische Luft-Flüssigkeit-Wärmepumpe besteht aus einem Flachrohrkanal, einem Lamellen-Wärmeübertrager und vier thermoelektrischen Modulen (40 mm * 40 mm), die sich wie in Abbildung 4.3 zwischen den beiden Wärmeübertragern befinden.

Aufgrund der Geometrie und Anordnung der verwendeten Komponenten traten der Luftstrom und das Flüssigkeitsgemisch zu 90° versetzt in die jeweiligen Wärmeübertrager ein, so dass die Wärmepumpe im Kreuzstrom betrieben wurde. Eine schemati-

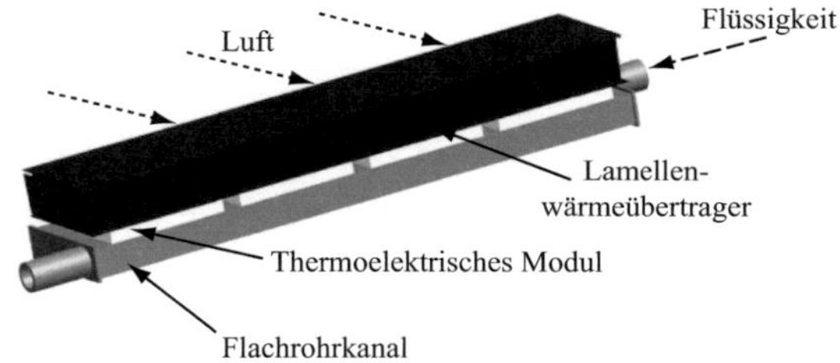

Abbildung 4.3: Aufbau der thermoelektrischen Luft-Flüssigkeit-Wärmepumpe

sche Darstellung des für die Vermessung des Prototypen verwendete Prüfstandsaufbaus ist in Abbildung 4.4 zu finden.

Um die konstante Temperatur des Wasser-Glykol-Gemisches am Einlauf des Flachrohrkanals sicherzustellen, wurde die Flüssigkeitsseite des Prototypen ebenfalls an einen Prozessthermostaten angeschlossen. Wie auch bei der Flüssig-Flüssig-Wärmepumpe wurde der im Kreislauf umlaufende Massenstrom über den Prozessthermostaten und ein Handregelventil eingestellt und der entsprechende Volumenstrom über eine konventionelle Wasseruhr ermittelt.

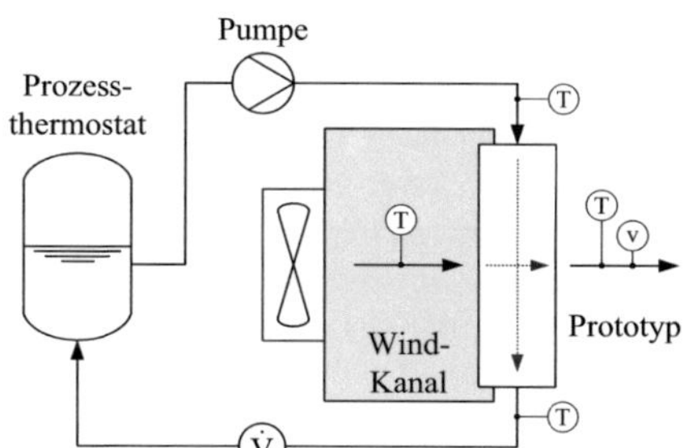

Abbildung 4.4: Schematische Darstellung des zur Vermessung der Luft-Flüssigkeit-Wärmepumpe verwendeten Prüfstandsaufbaus

Zur Gewährleistung einer homogenen Anströmung, wurde die Luftseite des Prototypen auf einen Windkanal aufgesetzt, an dessen anderem Ende ein Gebläse angebracht wurde. Der in den Lamellen-Wärmeübertrager eintretende Luftvolumenstrom wurde über die Laufgeschwindigkeit des Gebläses geregelt und die dazugehörige mittlere Strömungsgeschwindigkeit mittels eines Hitzdrahtanemometers ermittelt und aufgenommen. Daneben wurden die am Flachrohrkanal und Lamellen-Wärmeübertrager auftretenden Ein- bzw. Austrittstemperaturen sowie die bei einer am Netzteil eingestellten Spannung von 15 V an den thermoelektrischen Modulen tatsächlich anliegende Stromstärke und Spannung aufgezeichnet.

Um die Einsatzfähigkeit des Prototypen bei typischen Anwendungsbedingungen aufzuzeigen, wurden die Randbedingungen verschiedener Heiz- bzw. Klimatisierungsfälle vorgegeben. Im Fall der Klimatisierungsanwendung wurde die Temperatur der Luftseite konstant auf $30°C$ gehalten und die Temperatur des Wasser-Glykol-Gemisches im Bereich zwischen $25°C$ und $40°C$ in Schritten von 5 K verändert. Für den Einsatz im Heizbetrieb wurde die Luftseitentemperatur auf $10°C$ festgesetzt, während die Temperatur der Flüssigkeit zu $10°C$, $0°C$ und $-10°C$ gewählt wurde. Der bei dem Klimatisierungsfall und Heizungsfall eingesetzte Luftvolumenstrom betrug 9.3 l/s bzw. 10.9 l/s, der Volumenstrom des Wasser-Glykol-Gemisches wurde dabei auf 0.136 l/s bzw. 0.09 l/s eingestellt.

Typ 3: Luft-Luft-Wärmepumpe

Für den Aufbau der thermoelektrischen Luft-Luft-Wärmepumpe kamen zwei Lamellen-Wärmeübertrager zum Einsatz, zwischen denen ebenfalls vier thermoelektrische Module (40 mm * 40 mm) angeordnet wurden, wie es in Abbildung 4.5 grafisch dargestellt ist. Die schematische Darstellung des verwendeten Prüfstandsaufbaus ist in Abbildung 4.6 zu sehen.

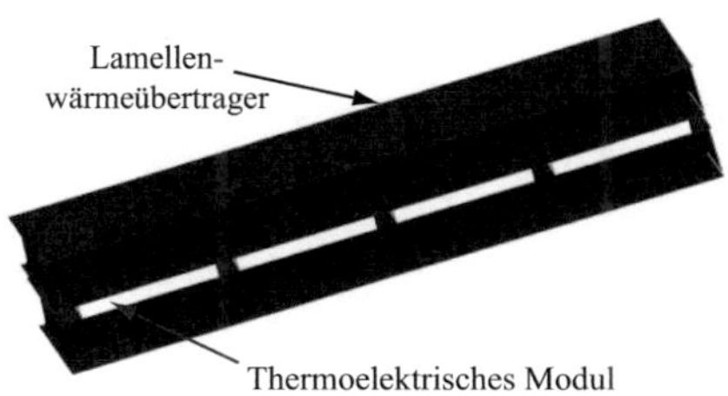

Abbildung 4.5: Aufbau der thermoelektrischen Luft-Luft-Wärmepumpe

Um auf der Luftseite eine homogene Anströmung zu gewährleisten, wurde der Prototyp erneut auf den mit einem regelbaren Gebläse ausgestatteten Windkanal aufgesetzt und die Strömungsgeschwindigkeit des in den Lamellen-Wärmeübertrager eintretenden Luftvolumenstroms über ein Hitzdrahtanemometer erfasst und protokolliert. Zudem wurden die an den Lamellen-Wärmeübertragern auftretenden Ein- bzw. Austrittstemperaturen sowie die an den thermoelektrischen Modulen bei einer am Netzteil eingestellten Spannung von 15 V tatsächlich anliegende Stromstärke und Spannung aufgezeichnet.

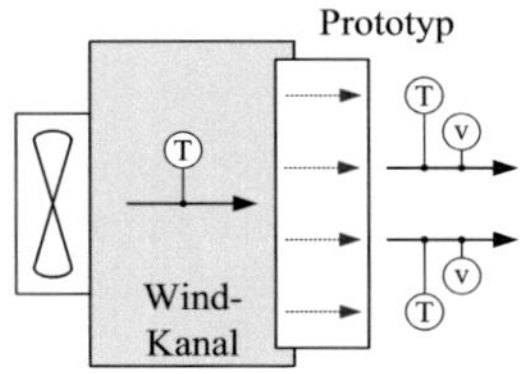

Abbildung 4.6: Schematische Darstellung des zur Vermessung der Luft-Luft-Wärmepumpe verwendeten Prüfstandsaufbaus

Um mit den verwendeten Randbedingungen einen möglichst großen Anwendungsbereich abzudecken, kam die Wärmepumpe innerhalb eines breiten Temperaturbereichs zum Einsatz. Dabei wurde die Temperatur der Luft in einem Bereich von $5°C$ bis $30°C$ in Schritten von 5 K variiert, der eingesetzte Luftvolumenstrom betrug 9.3 l/s bzw. 9.44 l/s.

4.1.2 Thermoelektrischer Generator

Bei der experimentellen Untersuchung des Generatormoduls entsprach der Aufbau des vermessenen Prototypen im Wesentlichen dem der Flüssigkeit-Flüssigkeit-Wärmepumpe (vgl. Abb. 4.1) und bestand aus zwei Flachrohrkanälen, zwischen denen ein thermoelektrisches Generatormodul (50 mm * 50 mm) angeordnet war. Der während der experimentellen Untersuchung verwendete Prüfstand war analog zu dem in Abbildung 4.2 dargestellten Versuchsaufbau, so dass erneut die zwei Prozessthermostaten zum Einsatz kamen, um die Konstanz der an den Seiten des Generatormoduls anliegenden Temperaturen zu gewährleisten und eventuell auftretende signifikante Temperaturschwankungen ausregeln zu können. Die Volumenströme der im Gegenstrom geführten Wasser-Glykol-Gemische konnten wie gehabt über die Pumpenstufen der Prozessthermostaten bzw. zwei Handregelventile eingestellt und mit Hilfe konventioneller Wasseruhren erfasst werden.

Um die bei unterschiedlichen Temperaturdifferenzen auftretende elektrische Leistung in Abhängigkeit des eingestellten Lastwiderstands zu ermitteln, wurde das thermoelektrische Modul an eine Widerstandskaskade angeschlossen, über welche die Variation des Lastwiderstands durchgeführt werden konnte. Während der experimentellen Untersuchung wurden sowohl die am thermoelektrischen Generatormodul anliegenden Temperaturen und der eingestellte Lastwiderstand, als auch die hieraus resultierenden Spannungen und Stromstärken aufgenommen und protokolliert.

Bei der Versuchsdurchführung wurde die Differenz der an den Seiten des Moduls anliegenden Temperaturen im Bereich von $\Delta T = 20K$ bis $\Delta T = 80K$ stufenweise gesteigert und der Lastwiderstand für jede eingestellte Temperaturdifferenz schrittweise von 0 Ω auf 35 Ω erhöht. Dabei wurden für verschiedene Bereiche unterschiedliche Schrittweiten verwendet, so dass der Widerstand im Bereich von 0 Ω bis 2 Ω in 0.1 Ω-Schritten und im Bereich von 2 Ω bis 5 Ω in 0.5 Ω-Schritten verändert wurde, während in den Bereichen von 5 Ω bis 10 Ω und 10 Ω bis 35 Ω Schrittweiten von 1 Ω bzw. 5 Ω verwendet wurden.

4.2 Ergebnisse

Im Anschluß an die unter den oben angeführten Randbedingungen durchgeführten Messungen wurden die an den Prüfständen aufgenommenen experimentellen Daten ausgewertet und diskutiert. Dabei spielten für die Auswertung und Diskussion der Messdaten, in Abhängigkeit von der Betriebsweise des Prototypen als thermoelektrische Wärmepumpe oder thermoelektrischer Generator, unterschiedliche charakteristische Größen eine wichtige Rolle, auf die im Folgenden näher eingegangen wird.

4.2.1 Thermoelektrische Wärmepumpe

Die Auswertung der experimentellen Untersuchungen an der thermoelektrischen Wärmepumpe erfolgte über eine einfache Energiebilanzierung, wobei die Heiz- und die Kälteleistung über die folgenden Gleichungen mittels der aufgenommenen Ein- und Austrittstemperaturen der verwendeten Fluide sowie der dokumentierten Volumenströme ermittelt wurden.

$$\dot{Q}_{Warm} = \dot{v} \cdot \rho \cdot c_p \cdot (T_{Warm,aus} - T_{Warm,ein}) \tag{4.1}$$

$$\dot{Q}_{Kalt} = \dot{v} \cdot \rho \cdot c_p \cdot (T_{Kalt,aus} - T_{Kalt,ein}) \tag{4.2}$$

Um die Genauigkeit der Ergebnisse zu überprüfen, wurde der Zusammenhang zwischen der eingesetzten elektrischen Leistung und den auftretenden Wärmeströmen

$$\dot{Q}_{Warm} = P_{el} + \dot{Q}_{Kalt} \tag{4.3}$$

herangezogen, welcher sich unter Einbeziehung der Definition der Leistungszahl (vgl. Gl. 2.14) in folgende Gleichung umformen lässt:

$$COP_{Warm} = 1 + COP_{Kalt} \tag{4.4}$$

Für den theoretischen Idealfall entsprechen sich die rechte und die linke Seite der Bilanzgleichung, so dass die Abweichung innerhalb der Bilanzgleichung gleich null ist. Tritt bei der Bilanzierung eine größere Differenz zwischen der linken und der rechten Seite auf, so ist eine Überprüfung, ob die aufgenommenen Messwerte trotz der vorliegenden Abweichungen im Rahmen der Messgenauigkeit liegen, notwendig, um etwaige systematische und statistische Fehler zu identifizieren.

Typ 1: Flüssigkeit-Flüssigkeit-Wärmepumpe

Die beim Betrieb der Flüssigkeit-Flüssigkeit-Wärmepumpe auftretenden Austrittstemperaturen und Wärmeströme sowie die eingesetzte Leistung und die resultierenden Leistungszahlen sind in Tabelle 4.1 zusammengestellt.

P_{el} $[W]$	$\vartheta_{FL1,ein}$ $[°C]$	$\vartheta_{FL1,aus}$ $[°C]$	$\dot{Q}_{FL1}$ $[W]$	COP_{FL1} $[-]$	$\vartheta_{FL2,ein}$ $[°C]$	$\vartheta_{FL2,aus}$ $[°C]$	$\dot{Q}_{FL2}$ $[W]$	COP_{FL2} $[-]$
309.35	40.28	39.89	127.79	0.41	40.65	41.93	443.36	1.43
315.06	34.73	34.32	130.73	0.41	35.06	36.36	441.23	1.40
320.84	30.01	29.62	124.64	0.39	30.31	31.36	445.22	1.39
325.21	25.07	24.66	124.31	0.38	25.32	26.65	436.17	1.34
334.75	10.30	9.86	128.93	0.39	10.57	11.99	451.65	1.35
342.75	0.46	0.04	127.04	0.37	0.65	2.14	455.73	1.33
354.63	-9.55	-9.95	120.78	0.34	-9.43	-7.91	461.02	1.31

Tabelle 4.1: Zusammenstellung der beim Betrieb der Flüssigkeit-Flüssigkeit-Wärmepumpe auftretenden Austrittstemperaturen und Wärmeströme sowie der eingesetzten Leistung und der resultierenden Leistungszahlen

Die Betrachtung der Ergebnisse zeigt, dass die eingesetzte elektrische Leistung mit abnehmender Temperatur der Glykol-Wasser-Gemische kontinuierlich ansteigt und dementsprechend für eine Fluideintrittstemperatur von -9.5$°C$ ihr Maximum aufweist. Während für die aufgewandte elektrische Energie somit ein eindeutiger Zusammenhang zwischen den Betriebsbedingungen und den aufgenommenen Werten vorhanden ist, weisen die erzielten Werte der Kälteleistungen keine erkennbare Abhängigkeit von den Fluideintrittstemperaturen auf und liegen bei allen betrachteten Randbedingungen zwischen 120 W und 130 W. Da die resultierende Heizleistung als Summe aus Kälteleistung und elektrischer Leistung definiert ist (vgl. Gl. (4.3)), zeigen die Werte dementsprechend ebenfalls einen Anstieg mit abnehmenden Fluidtemperaturen, wobei dieser jedoch prozentual deutlich geringer ausfällt als die entsprechende Zunahme der elektrischen Leistung.

Aufgrund der stark steigenden elektrischen Leistung, der nahezu konstanten Kälteleistung und der nur moderat ansteigenden Heizleistung kommt es bei den berechneten Leistungszahlen zu einer kontinuierlichen Abnahme der Werte mit sinkenden Fluidtemperaturen. Die Bilanzierung nach Gleichung (4.4) zeigt Abweichungen zwischen der linken und der rechten Seite von bis zu 3 Prozent auf, wobei für die auftretenden Differenzen jedoch keine direkte Abhängigkeit von der Eintrittstemperatur des Glykol-Wasser-Gemisches zu erkennen ist.

Typ 2: Luft-Flüssigkeit-Wärmepumpe

Die Austrittstemperaturen, Wärmeströme und Leistungszahlen, welche für die aufgeführten elektrischen Leistungen beim Betrieb der Luft-Flüssigkeit-Wärmepumpe erzielt werden konnten, sind in Tabelle 4.2 aufgeführt.

P_{el} $[W]$	$\vartheta_{L,ein}$ $[°C]$	$\vartheta_{L,aus}$ $[°C]$	$\dot{Q}_L$ $[W]$	COP_L $[-]$	$\vartheta_{FL,ein}$ $[°C]$	$\vartheta_{FL,aus}$ $[°C]$	$\dot{Q}_{FL}$ $[W]$	COP_{FL} $[-]$
346.70	30.71	18.18	135.13	0.39	39.73	40.53	461.14	1.33
353.63	31.04	17.60	145.01	0.41	34.63	35.48	478.87	1.35
361.06	30.96	16.84	152.33	0.42	30.08	30.97	490.41	1.36
366.82	30.07	15.39	158.38	0.43	25.35	26.29	501.32	1.37
335.04	10.53	40.31	404.40	1.21	10.28	10.02	69.70	0.20
338.91	10.09	38.07	379.97	1.12	0.56	0.42	44.41	0.13
340.76	10.10	36.07	352.77	1.04	-9.66	-9.69	11.24	0.03

Tabelle 4.2: Zusammenstellung der beim Betrieb der Luft-Flüssigkeit-Wärmepumpe auftretenden Austrittstemperaturen und Wärmeströme sowie der eingesetzten Leistung und der resultierenden Leistungszahlen

Wie bereits bei der Flüssigkeit-Flüssigkeit-Wärmepumpe ist auch hier ein Zusammenhang zwischen der elektrischen Leistung und der vorgegebenen Flüssigkeitstemperatur erkennbar, wobei dieser jedoch aufgrund der konstant gehaltenen Temperatur der Luftseite weniger prägnant ausfällt. Zudem lässt sich auch für die aufgeführten Heiz- und Kälteleistungen eine deutliche Abhängigkeit von den gewählten Einsatzbedingungen erkennen. Während die Werte für typische Klimatisierungsbedingungen einen deutlichen Anstieg mit abnehmender Eintrittstemperatur der Flüssigkeit aufweisen, kann für den Einsatz unter Heizbedingungen ein drastischer Abfall von Heiz- und Kälteleistung erkannt werden. Dieses Verhalten wird durch die gewählten Einsatzbedingungen hervorgerufen und kann über die Betrachtung des Einflusses der in den Halbleiterschenkeln auftretenden inneren Wärmeleitung wie folgt erklärt werden:

Im Fall der Klimatisierungsanwendungen führt die Verringerung der Temperatur des Glykol-Wasser-Gemisches bei konstanter Temperatur der Luftseite zu einer deutlichen Verringerung der an den Halbleiterschenkeln anliegenden Temperaturdifferenz, was zu einer Reduzierung der inneren Wärmeleitung führt. Da der durch die innere Wärmeleitung hervorgerufene Wärmestrom dem Peltierwärmestrom entgegen wirkt, führt die

Verringerung dieses Wärmestromes bei gleichbleibendem Peltierwärmestrom zu einer Erhöhung der Kälteleistung und gemäß Gleichung (4.3) zu einer entsprechenden Steigerung der Heizleistung. Im Fall der Heizungsanwendung ist der gegenteilige Effekt zu bemerken, so dass die innere Wärmeleitung bei sinkender Flüssigkeitstemperatur und konstanter Temperatur der Luftseite zunimmt, wodurch bei gleichbleibendem Peltierwärmestrom die resultierende Kälteleistung und Heizleistung verringert werden.

Diesem Verhalten entsprechend kann auch bei den dazugehörigen Leistungszahlen eine Steigerung bzw. Verringerung der Werte mit abnehmender Temperatur der Flüssigkeitsseite verzeichnet werden. Die Bilanzierung über die Heizleistung und die Summe aus Kälteleistung und elektrischer Leistung nach Gleichung (4.3) zeigt eine sehr gute Übereinstimmung für die bei Klimatisierungsbedingungen durchgeführten Messungen, während für die unter Heizbedingungen durchgeführten Untersuchungen eine maximale Abweichung von 4.7 Prozent zu verzeichnen ist.

Typ 3: Luft-Luft-Wärmepumpe

Die aus der Vermessung der thermoelektrischen Luft-Luft-Wärmepumpe resultierenden Ergebnisse für die Austrittstemperaturen der Luftvolumenströme, die Heiz- und Kälteleistungen sowie die entsprechenden Leistungszahlen sind in Tabelle 4.3 zu finden.

P_{el} [W]	$\vartheta_{L1,ein}$ [°C]	$\vartheta_{L1,aus}$ [°C]	$\dot{Q}_{L1}$ [W]	COP_{L1} [−]	$\vartheta_{L2,ein}$ [°C]	$\vartheta_{L2,aus}$ [°C]	$\dot{Q}_{L2}$ [W]	COP_{L2} [−]
310.93	31.61	66.37	379.48	1.22	31.61	24.46	76.86	0.25
318.16	25.13	60.39	385.34	1.21	25.13	18.46	74.04	0.23
323.86	20.11	56.20	401.04	1.24	20.11	13.77	71.63	0.22
330.08	15.07	51.24	409.02	1.24	15.07	9.04	69.33	0.21
336.73	10.01	46.22	416.70	1.24	10.01	4.31	66.62	0.20
343.15	5.05	40.25	419.53	1.22	5.05	-0.29	64.54	0.19

Tabelle 4.3: Zusammenstellung der beim Betrieb der Luft-Luft-Wärmepumpe auftretenden Austrittstemperaturen und Wärmeströme sowie der eingesetzten Leistung und der resultierenden Leistungszahlen

Wie bereits bei den Wärmepumpentypen 1 und 2, tritt auch bei diesem Prototyp ein Zusammenhang zwischen der eingesetzten elektrischen Energie und der gewählten Fluidtemperatur auf, so dass die elektrische Leistung mit abnehmender Lufteintrittstemperatur ansteigt. Ein gegenläufiger Trend ist für die erzielte Kälteleistung zu bemerken, welche mit sinkender Fluidtemperatur abnimmt, was auf den sich durch die Absenkung der Fluideintrittstemperatur verringernden Peltierwärmestrom zurückgeführt werden kann.

Trotz dieser gegenläufigen Abhängigkeiten tritt bei der aus elektrischer Leistung und Kälteleistung resultierenden Heizleistung bei Abnahme der Fluidtemperatur eine Zunahme der Werte auf, da die eingesetzte elektrische Leistung in deutlich größeren Schritten zunimmt, als die Kälteleistung sinkt. Bei der Bilanzierung über Gleichung (4.3) bzw. (4.4) treten zwischen der linken und der rechten Seite der Gleichung maximale Abweichungen von 5 Prozent auf, wobei für die auftretenden Differenzen jedoch wie schon bei der thermoelektrischen Wärmepumpe vom Typ 1 keine direkte Abhängigkeit von den Eintrittsbedingungen erkennbar ist.

4.2.2 Thermoelektrischer Generator

Die beim Betrieb des thermoelektrischen Generators aufgenommenen experimentellen Daten werden grafisch ausgewertet, wobei die bei der Variation der Lastwiderstände erzielte elektrische Leistung auf der Ordinate und die am Element anliegende Stromstärke auf der Abszisse aufgetragen werden. Dabei wird die elektrische Leistung über die Beziehung

$$P_{el} = U_{Last} \cdot I \tag{4.5}$$

berechnet, wobei U_{Last} die aufgrund des Lastwiderstands am Generatormodul anliegende Spannung bezeichnet.In Abbildung 4.7 ist der Verlauf der elektrischen Leistung in Abhängigkeit von der Stromstärke für die untersuchten Temperaturdifferenzen dargestellt.

Die Abbildung zeigt, dass sowohl die erzielte elektrische Leistung als auch die auftretende Stromstärke mit Erhöhung der am Modul anliegenden Temperaturdifferenz stark zunimmt. Die Abhängigkeit zwischen elektrischer Leistung und elektrischer Stromstärke kann über polynomische Beziehungen zweiter Ordnung beschrieben werden, welche in der Grafik als Strichpunktlinien angedeutet sind. Anhand der Auftragung ist erkennbar, dass alle Kurvenverläufe ein Maximum aufweisen, welches mit zunehmender Temperaturdifferenz ansteigt und sich zu Werten höherer Stromstärke verlagert.

Die charakteristischen Werte der in den Kurven auftretenden Maxima sind in Tabelle 4.4 zusammengefasst, wobei für die Berechnung der am Modul anliegenden Leerlaufspannung $U_{Seebeck}$ und den Seebeckkoeffizienten S des Moduls die folgenden Beziehungen verwendet wurden.

$$U_{Seebeck} = I \cdot (R_{Last} + R_{Innen}) \tag{4.6}$$

$$S = \frac{U_{Seebeck}}{T_{warm} - T_{kalt}} \tag{4.7}$$

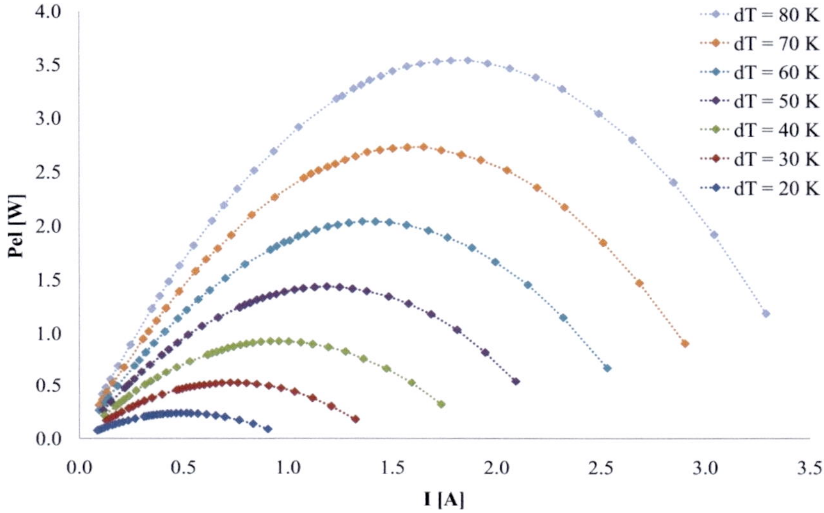

Abbildung 4.7: Darstellung der erzielten elektrischen Leistung in Abhängigkeit von der eingesetzten Stromstärke und der aufgeprägten Temperaturdifferenz

Bei der Betrachtung der aufgeführten Werte fällt auf, dass die berechneten Maximalwerte der elektrischen Leistung alle bei einem Lastwiderstand von 1 Ω auftreten. Da die maximale elektrische Leistung erzielt wird, wenn der Lastwiderstand gleich dem Innenwiderstand ist (vgl. Abschnitt 2.2.2), liegt die Vermutung nahe, dass sich der Innenwiderstand für den Bereich der hier untersuchten Temperaturdifferenzen nur geringfügig ändert. Die Werte des ermittelten Seebeckkoeffizienten scheinen diese Annahme zu bestätigen, da auch für diesen charakteristischen Materialparameter bei steigender Temperaturdifferenz nur eine schwache Zunahme verzeichnet werden kann.

Die weitere Betrachtung der Tabelle zeigt, dass für die Spannung U_{Last} und die Strom- stärke I_{el} nahezu identische Werte aufgenommen wurden und die auftretenden Abweichungen zwischen diesen Werten bei maximal 2 Prozent liegen. Diese Übereinstimmung lässt sich darüber erklären, dass der bei den Maxima jeweils vorliegende Lastwiderstand konstant 1 Ω beträgt und Stromstärke und Spannung über die Beziehung $U_{Last} = R_{Last} \cdot I_{el}$ miteinander gekoppelt sind. Die am Modul auftretende Leerlaufspannung verhält sich entsprechend der in Gleichung (4.6) angeführten Beziehung proportional zur elektrischen Stromstärke, wobei sie aufgrund der für den Fall der maximalen elektrischen Leistung identischen Last- und Innenwiderstände hierbei jeweils doppelt so groß ist wie die zugehörige elektrische Stromstärke.

ΔT	ϑ_{kalt}	ϑ_{warm}	R_{Last}	U_{Last}	I	$U_{Seebeck}$	S	P_{el}
$[K]$	$[°C]$	$[°C]$	$[\Omega]$	$[V]$	$[A]$	$[V]$	$[V/K]$	$[W]$
20	10.1	30.3	1.0	0.486	0.487	0.945	0.0466	0.2367
30	10.1	40.1	1.0	0.725	0.723	1.418	0.0470	0.5242
40	10.1	50.1	1.0	0.964	0.957	1.906	0.0474	0.9225
50	10.1	60.2	1.0	1.207	1.187	2.403	0.0478	1.4327
60	10.0	70.1	1.0	1.433	1.420	2.891	0.0480	2.0349
70	10.2	80.3	1.0	1.649	1.653	3.393	0.0482	2.7258
80	10.1	90.4	1.0	1.895	1.865	3.879	0.0484	3.5342

Tabelle 4.4: Zusammenstellung der beim Betrieb des thermoelektrischen Generators and den Punkten maximaler elektrischer Leistung auftretenden charakteristischen Werte

4.3 Messgenauigkeit und Fehleranalyse

Die Beurteilung der aufgenommenen Messdaten hinsichtlich ihrer Genauigkeit erfolgte für die thermoelektrische Wärmepumpe und den thermoelektrischen Generator mittels unterschiedlicher Methoden, welche im Weitern vorgestellt und diskutiert werden.

Thermoelektrische Wärmepumpe

Um die Existenz von Fehlern während der experimentellen Untersuchung auszuschließen und um sicherzustellen, dass die im Rahmen der Bilanzierung auftretenden Abweichungen im Rahmen der Messgenauigkeit liegen, wurde für die an den thermoelektrischen Wärmepumpen aufgenommenen Daten eine Fehleranalyse durchgeführt. Dabei kam das Gaussche Gesetz der Fehlerfortpflanzung in folgender Form zur Anwendung:

$$\bar{F} = \sqrt{\left(\frac{\partial F}{\partial x} \cdot x^2\right) + \left(\frac{\partial F}{\partial y} \cdot y^2\right) + ...} \tag{4.8}$$

Als mögliche, bei den Messungen auftretende Fehlerquellen wurden Ungenauigkeiten bei dem zur Aufnahme der Luftgeschwindigkeit verwendeten Hitzdrahtanemometer sowie der eingesetzten Wasseruhren und Thermoelemente identifiziert.

Zur Durchführung der Gausschen Fehleranalyse wurden dementsprechend folgende Annahmen gemacht:

- die bei der Verwendung des Hitzdrahtanemometers auftretende Messungenauigkeit liegt bei 5 Prozent

- die handelsüblichen, innerhalb eines bestimmten Temperaturbereichs geeichten Wasseruhren weisen eine Ungenauigkeit von 1 Prozent auf
- die verwendeten Thermoelemente nehmen Temperaturen mit einer Messgenauigkeit von 0.15 K auf

Abbildung 4.8 zeigt exemplarisch die für die thermoelektrische Flüssigkeit-Flüssigkeit-Wärmepumpe durchgeführte Fehleranalyse, die grafische Darstellung der Fehleranalysen der Wärmepumpen vom Typ 2 und Typ 3 sind im Anhang (s. Anhang A) zu finden.

Die Grafik zeigt den Vergleich zwischen den ermittelten Werten der Heizleistung und der Summe aus elektrischer Leistung und Kälteleistung sowie die jeweiligen, über die Gaußsche Fehleranalyse berechneten oberen und unteren Grenzen des Deviationsbereichs. Um innerhalb des Rahmens der Messgenauigkeit zu liegen, müssen die ermittelten Leistungen im Bereich zwischen der obersten und untersten Deviationsgrenze liegen und dürfen die Grenzen nicht überschreiten.

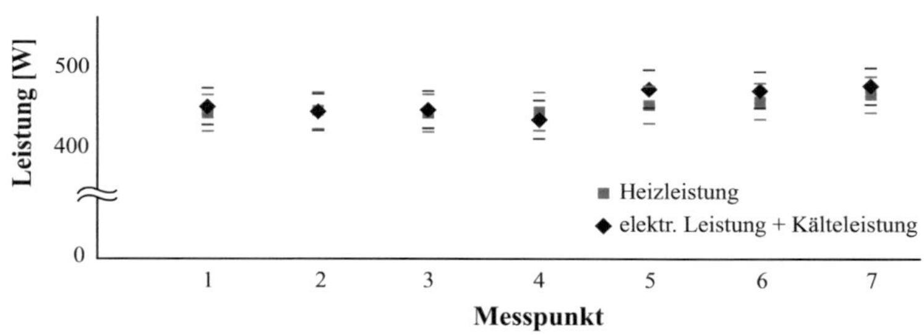

Abbildung 4.8: Grafische Darstellung der für die thermoelektrische Flüssigkeit-Flüssigkeit-Wärmepumpe durchgeführten Fehleranalyse

Anhand der Abbildung ist zu erkennen, dass die bei der Bilanzierung verwendeten Werte der Heizleistung und die entsprechenden Summen aus elektrischer Leistung und Kälteleistung für alle aufgeführten Messungen im Rahmen der angenommenen Messgenauigkeit liegen. Die bei der Bilanzierung auftretenden Abweichungen sind somit nicht durch Fehler bei der Aufnahme der experimentellen Daten verursacht worden, sondern können auf die endliche Genauigkeit der eingesetzten Messgeräte zurückgeführt werden.

Dieses Ergebnis kann für alle Bilanzierungen, also auch für die der Wärmepumpen vom Typ 2 und Typ 3, verzeichnet werden, so dass die aufgenommenen experimentellen Daten bedenkenlos für weitere Zwecke, z.B. zur Anpassung von Simulationsmodellen, verwendet werden können.

Thermoelektrischer Generator

Um die Genauigkeit der während der experimentellen Untersuchung des thermoelektrischen Generators aufgenommenen Messwerte zu überprüfen, wird der lineare Zusammenhang zwischen der am Generatorelement auftretenden Spannung und Stromstärke genutzt, welcher über die in Gleichung (4.5) angeführte Beziehung gegeben ist. Die Auftragung der dokumentierten Werte für Spannung und Stromstärke muss somit einen linearen Verlauf aufweisen, andernfalls ist davon auszugehen, dass bei den Messungen oder der Aufnahme der Werte ein Fehler aufgetreten ist.

Die Auftragung der experimentellen Daten ist in Abbildung 4.9 exemplarisch für eine anliegende Temperaturdifferenz von $\Delta T = 40$ K dargestellt, die entsprechenden Darstellungen für die übrigen untersuchten Randbedingungen sind im Anhang (s. Anhang B) zu finden.

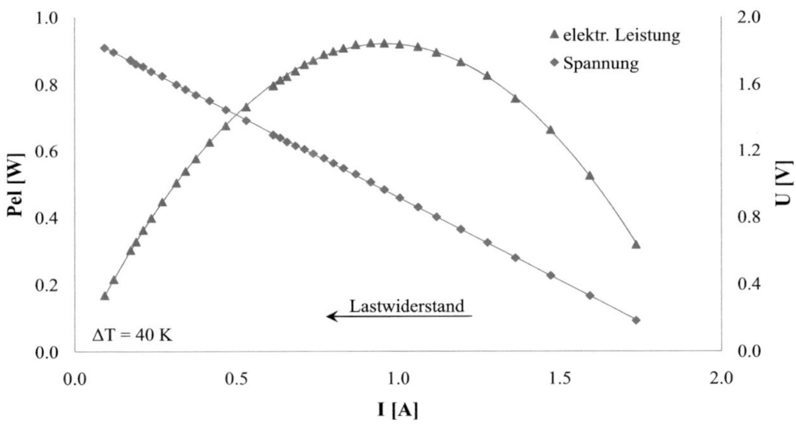

Abbildung 4.9: Grafische Überprüfung der am thermoelektrischen Generator für eine anliegende Temperaturdifferenz von $\Delta T = 40$ K aufgenommenen experimentellen Daten

Die Grafik zeigt sowohl den Spannungsverlauf als auch den Verlauf der erzielten elektrischen Leistung in Abhängigkeit von der Stromstärke, wobei für die Beurteilung der Messgenauigkeit die den Kurvenverläufen entsprechenden Trendlinien hinzugefügt wurden. Aufgrund der Tatsache, dass die elektrische Stromstärke gemäß ihrer Definition vom Kehrwert der aus Last- und Innenwiderstand bestehenden Summe abhängt (vgl. Gl. (2.22)), nimmt sie mit steigendem Lastwiderstand kontinuierlich ab, während die anliegende Spannung entsprechend ansteigt.

Anhand der Abbildung ist zu erkennen, dass tatsächlich alle Datenpunkte auf der eingefügten linearen Trendlinie liegen und die Abhängigkeitsbeziehung zwischen den aufgenommenen Daten der Spannung und der Stromstärke somit sehr gut über die Linie beschrieben werden kann.

Entsprechend gut werden die Datenpunkte der erzielten elektrischen Leistung über das hinzugefügte Polynom zweiter Ordnung beschrieben, was nur logisch ist, da die elektrische Leistung als das Produkt aus Spannung und Stromstärke definiert ist.

Auch für die übrigen experimentellen Untersuchungen am thermoelektrischen Generator lassen sich entsprechende Ergebisse verzeichnen. Die Auftragungen der Messdaten zeigen ebenfalls sehr gute Übereinstimmungen zwischen den Datenpunkten und den eingefügten Trendlinien (vgl. Anhang), so dass auch diese experimentellen Daten ohne Bedenken für z.B. die Anpassung von Simulationsmodellen herangezogen werden können.

5 Aufbau und Validierung der Simulation

Um das Potential thermoelekrischer Systeme frühzeitig abschätzen zu können, ist die Verwendung eines validierten Simulationsmodells notwendig. Aus diesem Grund wurde das in Kapitel 3 vorgestellte Modell des thermoelektrischen Moduls unter der objektorientierten, gleichungsbasierten Modellierungssprache Dymola/Modelica implementiert und die Anpassung der charakteristischen Modellparameter mit Hilfe der experimentellen Daten vorgenommen. Für die Nachbildung der vermessenen Prototypen und den Aufbau einer entsprechenden Bibliothek wurde dabei auf Komponenten der Bibliothek TIL [19] zurückgegriffen, welche Modelle für stationäre und transiente Simulationen thermischer Systeme enthält.

Der Aufbau und die Validierung der objektorientierten Simulationsmodelle werden im Folgenden ausführlich dargestellt.

5.1 Simulationskonzept

Für die realitätsnahe Simulation von Wärmeübertragern hat sich in der objektorientierten Modellierung die so genannte Sandwichstruktur bewährt, deren einfaches Konzept ein hohes Maß an Flexibilität bietet [43, 44]. Für die Darstellung der thermoelektrischen Wärmepumpe bzw. des thermoelektrischen Generators ist die Anpassung des Konzepts an den Aufbau der vermessenen Prototypen notwendig, die daraus resultierende Struktur der Simulationsmodelle ist in Abbildung 5.1 exemplarisch für die Wärmepumpe vom Typ 2 schematisch dargestellt.

Die Abbildung zeigt, dass das Modell aus mehreren einzelnen Zellen aufgebaut ist, wobei die Anordnung und Verknüpfung der Zellen dem Aufbau der thermoelektrischen Wärmepumpe entspricht. So wird der im Prototyp verwendete Flachrohrkanal durch die Verwendung einer Fluidzelle und einer Wandzelle abgebildet und der eingesetzte Lamellenwärmeübertrager mit einer Gaszelle und einer Wandzelle modelliert. Die thermoelektrische Zelle (TE), welche stellvertretend für den thermoelektrischen Generator oder die thermoelektrische Wärmepumpe steht, befindet sich zwischen den beiden Wärmeübertragern, so wie es auch in den realen Prototypen der Fall ist. Wie anhand der Abbildung zu erkennen ist, verfügen alle Zellen über so genannte Heat-

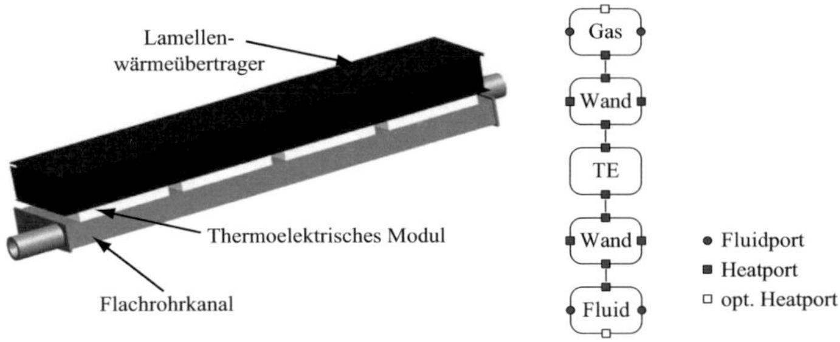

Abbildung 5.1: Darstellung der verwendeten Sandwichstruktur am Beispiel der Luft-Flüssigkeit-Wärmepumpe

oder Fluid-Ports, über welche sie miteinander kommunizieren und Informationen über Zustandsgrößen, wie z.B. Wärmeströme, Enthalpien oder Temperaturen, austauschen und weitergeben können [19].

Die abgebildete Struktur stellt den einfachsten möglichen Aufbau einer thermoelektrischen Wärmepumpe bzw. eines thermoelektrischen Generators dar, bestehend aus einer Lage thermoelektrischer Module in Kombination mit zwei beliebigen Wärmeübertragern. Um auch thermoelektrische Systeme simulieren zu können, in denen mehrere Lagen thermoelektrischen Materials zum Einsatz kommen, sind die Fluid- und Gaszelle der in Abbildung 5.1 dargestellten Basiseinheit mit einem zweiten, optionalen Heat-Port versehen. Durch diese Ergänzung lassen sich auch mehrlagige thermoelektrische Systeme flexibel modellieren, wobei jeweils die optionalen Heat-Ports eines Zellentyps miteinander verbunden werden.

Da für die Modellierung der thermoelektrischen Prototypen auf die Basiszellen der TIL-Bibliothek zurückgegriffen wurde, werden die in den Zellen enthaltenen Energiegleichungen im Folgenden nur kurz erläutert, eine detaillierte Beschreibung der verwendeten Energie-, Impuls- und Massenerhaltungssätze wird in entsprechenden Publikationen [19, 44, 45] gegeben.

Gaszelle

Die Energiebilanz der Gaszelle mit nur einem Heat-Port lässt sich unter Berücksichtigung der ein- und austretenden Massen- und Wärmeströme wie folgt formulieren

$$0 = \dot{m}_{ein} \cdot h_{ein} + \dot{m}_{aus} \cdot h_{aus} + \dot{Q}_1. \tag{5.1}$$

Der am Heat-Port auftretende Wärmestrom wird unter Verwendung der am Heat-Port auftretenden Temperatur T_1, der Temperatur des Fluids T_{Gas} und des effektiven

Wärmeübergangskoeffizienten $(\alpha \cdot A)_{eff}$ über die folgende Gleichung berechnet.

$$\dot{Q}_1 = (\alpha \cdot A)_{eff} \cdot (T_1 - T_{Gas}) \tag{5.2}$$

Der effektive Wärmeübergangskoeffizient kann über

$$(\alpha \cdot A)_{eff} = \dot{m} \cdot c_p \cdot \left(1 - e^{-\frac{\alpha \cdot A}{\dot{m} \cdot c_p}}\right) \tag{5.3}$$

ermittelt werden, wobei für die Herleitung dieser Beziehung eine analytische Näherung der Gastemperatur verwendet wurde, welche auf dem Idealgasgesetz basiert [44].

Kommen bei der Verwendung der Gaszelle beide Heat-Ports zum Einsatz, so muß auch der am zweiten Heat-Port auftretende Wärmestrom in der Energiebilanz berücksichtigt werden

$$0 = \dot{m}_{ein} \cdot h_{ein} + \dot{m}_{aus} \cdot h_{aus} + \dot{Q}_1 + \dot{Q}_2, \tag{5.4}$$

wobei sich dieser analog zum Wärmestrom am ersten Heat-Port über

$$\dot{Q}_2 = (\alpha \cdot A)_{eff} \cdot (T_2 - T_{Gas}) \tag{5.5}$$

berechnen lässt.

Wandzelle

Die Wandzelle verfügt über vier Heat-Ports, deren Wärmeströme über die Gleichung

$$\dot{Q}_i = 2 \cdot \frac{T_i - T}{R_i} \tag{5.6}$$

berechnet werden können, wobei T die Temperatur des Wandmaterials in der Mitte der Wandzelle bezeichnet. Die Energiebilanz der Zelle kann formuliert werden als

$$m \cdot c_v \cdot \frac{dT}{dt} = \sum_{i=1}^{4} \dot{Q}_i, \tag{5.7}$$

worin m die Masse der Wandzelle und c_v die spezifische Wärmekapazität der Wand ist.

Thermoelektrische Zelle

Für die Modellierung der thermoelektrischen Zelle wurden die Gleichungen aus Kapitel 3 verwendet, so dass für die Simulation sowohl eine Zelle für die Anwendung als thermoelektrische Wärmepumpe als auch eine Zelle für den Einsatz als thermoelektrischer Generator zur Verfügung steht.

Fluidzelle

Die in der Fluidzelle verwendeten Gleichungen sind analog zu denen, welche in der Gaszelle eingesetzt wurden, wobei jedoch die Berechnung der Wärmeströme unter Verwendung eines transienten Ansatzes erfolgt und der Wärmeübergangskoeffizient $\alpha \cdot A$ statt des effektiven Wärmeübergangskoeffizienten zum Einsatz kommt [19].

Simulationsaufbau

Mit der so modellierten Basiseinheit können nun die vermessenen Prototypen nachgebildet werden, wobei jeweils n Basiseinheiten instanziiert und die einzelnen Zellen dem darzustellenden Prototypen entsprechend verbunden werden, so dass die eingesetzten Fluidströme im Gegen-, Gleich- und Kreuzstrom auftreten können. Die so entstehenden Strukturen der Simulationsmodelle sind in Abhängigkeit von der gewählten Fluidführung in Abbildung 5.2 dargestellt.

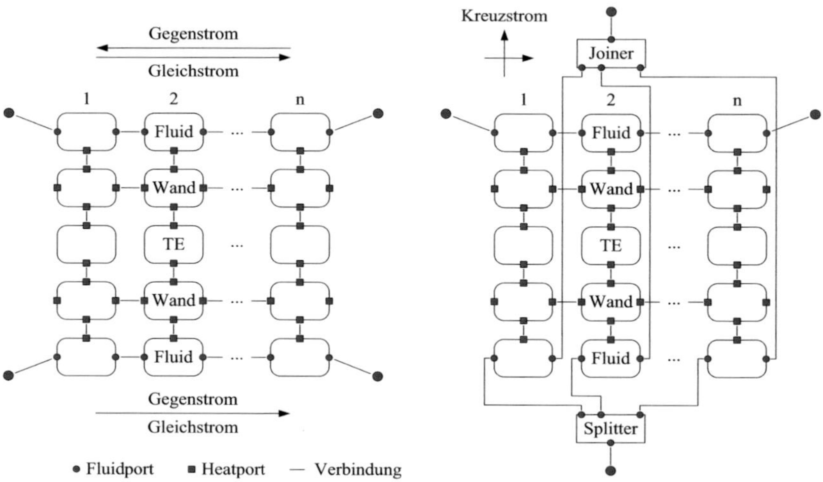

Abbildung 5.2: Struktur der Simulationsmodelle in Abhängigkeit von der gewählten Fluidführung

Anhand der Abbildung ist zu erkennen, dass für die Prototypen mit Gleich- und Gegenstromführung derselbe Strukturaufbau verwendet werden kann und sich die beiden daraus resultierenden Simulationsmodelle somit nur über die Strömungsrichtungen der Fluidströme unterscheiden. Die Nummerierung der Zellen erfolgt von links nach rechts (vgl. Abb. 5.2), so dass nur Zellen mit gleicher Nummerierung vertikal miteinander verbunden werden. In horizontaler Richtung erfolgt zudem die Verbindung von Wand und Fluidzellen miteinander, wobei auch hier darauf geachtet wird, dass nur Zellen gleichen Typs miteinander verknüpft werden. Die Parallelschaltung der thermoelektrischen Module erfolgt innerhalb des Programmiercodes, so dass keine grafisch sichtbare Verbindung zwischen den Zellen verwendet wird.

Das Modell des Kreuzstromübertragers wird analog zum Gleich-/Gegenstromübertrager aufgebaut, unterscheidet sich jedoch in der Verknüpfung der Zellen. Während die Zellen mit gleicher Nummerierung in vertikaler Richtung hier ebenfalls miteinander verbunden sind, werden in horizontaler Richtung nur die Wandzellen und die Zellen eines der eintretenden Fluidströme verbunden. Um die Kreuzstromcharakteristik abzubilden, werden die Zellen des zweiten Fluidstromes nicht direkt miteinander verbunden, statt dessen werden ein so genannter Splitter und ein entsprechender Joiner eingesetzt. Im Splitter wird der eintretende Fluidstrom in n gleiche Massenströme aufteilt, welche nach Durchlaufen der Zellen in dem Joiner wieder zu einem einzigen Fluidstrom zusammenführt werden. Auch hier erfolgt die Parallelschaltung der thermoelektrischen Module innerhalb des Programmiercodes und es wird keine grafisch sichtbare Verbindung zwischen den Zellen verwendet.

Diesem Konzept entsprechend enthält die aufgebaute Bibliothek jeweils ein Modell der Gegenstrom-/Gleichstomführung und der Kreuzstromführung, sowohl für die drei unterschiedlichen Typen der thermoelektrischen Wärmepumpe als auch für den thermoelektrischen Generator, welche mit Hilfe der experimentellen Daten validiert wurden.

5.2 Stationäre Validierung

Die Validierung der Modelle erfolgte anhand der in Kapitel 4 aufgeführten Messreihen, so dass die Simulationen ebenfalls unter den dort beschriebenen Randbedingungen durchgeführt wurden. Da für die eingesetzten thermoelektrischen Module außer dem verwendeten Material (Bi_2Te_3) keine weiteren Herstellerangaben verfügbar waren, wurden Literaturangaben als Anhaltspunkt für die Anpassung der charakteristischen Modellparameter verwendet [29].

In Abbildung 5.3 ist der temperaturabhängige Verlauf des Seebeck-Koeffizienten α, der thermischen und elektrischen Leitfähigkeit, κ und σ sowie der resultiertende Gütefaktor z der verwendeten Wismuttellurid-Verbindung grafisch dargestellt. Für die Validierung der Simulationsmodelle wurde sich zum einen an den absoluten Werten und zum anderen am auftretenden temperaturabhängigen Verlauf orientiert, um trotz fehlender Angaben zu den tatsächlichen Materialparametern eine zufriedenstellende Anpassung an die Messdaten zu gewährleisten. Während der Anpassung wurde die Annahme gemacht, dass die verwendeten n- und p-Leiter dieselben Materialparameter aufweisen, wie es bei der Herstellung thermoelektrischer Module angestrebt wird.

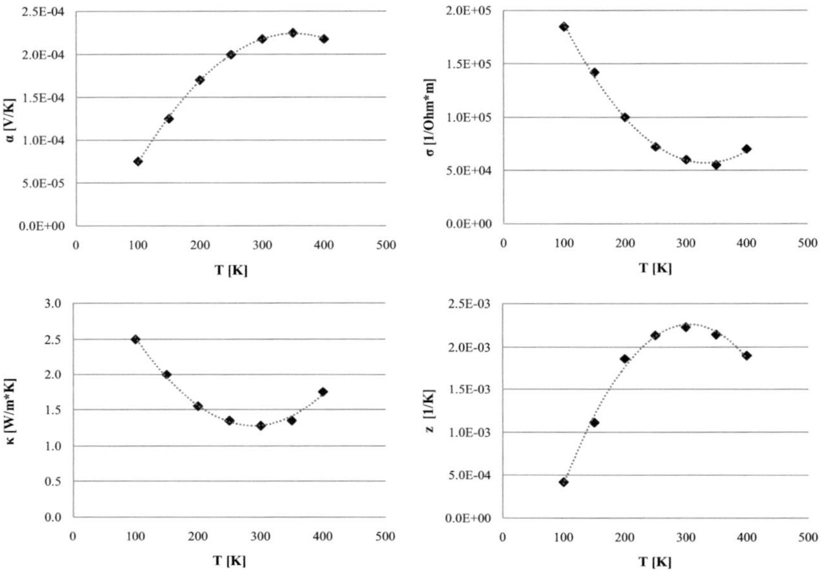

Abbildung 5.3: Temperaturabhängiger Verlauf der für die Validierung verwendeten charakteristischen Materialparameter für Bi_2Te_3 [29]

Die benötigten Materialdaten der Kupferbrücke sowie die Daten der keramischen Isolationsschicht wurden ebenfalls entsprechenden Publikationen entnommen [36, 37], unter der Annahme, dass für die Isolationsschicht das kostengünstige Aluminiumoxid verwendet wurde (vgl. Tabelle 3.1). Alle weiteren, für die Anpassung der Simulationsmodelle notwendigen Informationen und Parameter konnten anhand der aufgenommenen Messdaten identifiziert werden; die in die Simulation eingebrachten experimentellen Werte werden in den einzelnen Unterkapiteln aufgeführt. Die Ergebnisse der Simulationen werden im Folgenden dargestellt und die Qualität der Validierung anhand der Gegenüberstellung der simulierten und experimentellen Daten diskutiert.

5.2.1 Thermoelektrische Wärmepumpe

Der Simulationsaufbau, welcher für die Validierung der Simulationsmodelle der thermoelektrischen Wärmepumpen verwendet wurde, orientiert sich an dem Aufbau des experimentellen Prüfstands, so dass die Simulationen neben der Wärmepumpe dementsprechend eine Spannungsquelle und zwei Fluidquellen und -senken aufweisen. Das

Blockdiagramm der Luft-Flüssigkeit-Wärmepumpe ist exemplarisch in Abbildung 5.4 dargestellt.

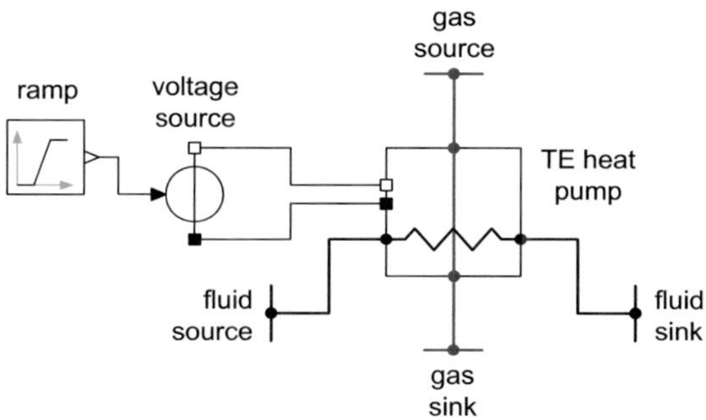

Abbildung 5.4: Darstellung der in den Simulationen verwendeten Blockdiagramme am Beispiel der Luft-Flüssigkeit-Wärmepumpe

Die an der Spannungsquelle anliegende elektrische Spannung wird mit Hilfe einer programmierbaren Rampe vorgegeben und bei der Anpassung der Simulation gleich der in den Messungen aufgenommenen Spannung gesetzt. Die Volumenströme und Eintrittstemperaturen des Wasser-Glykol-Gemisches bzw. der Luft können über die entsprechende Fluidquelle vorgegeben werden, wobei auch hier die experimentell ermittelten Werte verwendet wurden. Die an den Fluidsenken abgreifbaren Temperaturen der Fluide entsprechen den am Prototyp aufgenommenen Austrittstemperaturen von Luft und Flüssigkeit und sind neben der am Element anfallenden elektrischen Leistung maßgebliche Größen für die Bewertung der Validierungsgüte.

Typ 1: Flüssigkeit-Flüssigkeit-Wärmepumpe

Die bei der Validierung der Flüssigkeit-Flüssigkeit-Wärmepumpe mittels der Simulation erzielten Austrittstemperaturen und Wärmeströme sowie die eingesetzte Leistung und die resultierenden Leistungszahlen sind in Tabelle 5.1 zusammengestellt. Der für die Berechnungen verwendete Wärmeübergangskoeffizient belief sich in Abhängigkeit von den Einsatzbedingungen auf α = 304 - 348 W/K, für den thermischen Widerstand der Flachrohrkanäle wurde ein konstanter Wert von R = 2.43 $\cdot 10^{-1}$ K/W eingesetzt, wobei hierin auch der Einfluss der zwischen dem thermoelektrischen Element und dem Kanal aufgetragenen Wärmeleitpaste berücksichtigt ist.

Der Vergleich der Simulationsergebnisse mit den experimentellen Daten in Tabelle 5.2 zeigt deutlich, dass die Abweichungen zwischen den jeweiligen Fluidaustrittstemperaturen sehr gering sind.

P_{el} [W]	$\vartheta_{FL1,aus}$ [°C]	$\dot{Q}_{FL1}$ [W]	COP_{FL1} [−]	ΔQ_{FL1} [%]	$\vartheta_{FL2,aus}$ [°C]	$\dot{Q}_{FL2}$ [W]	COP_{FL2} [−]	ΔQ_{FL2} [%]
309.57	39.88	136.99	0.43	4.62	41.98	446.56	1.43	0.71
315.06	34.32	132.87	0.41	1.61	36.42	447.89	1.41	1.48
320.84	29.61	130.59	0.40	4.55	31.69	451.39	1.40	1.36
325.60	24.67	127.29	0.39	2.34	26.74	452.88	1.39	3.68
334.66	9.91	127.10	0.38	1.43	11.95	461.77	1.38	2.19
342.78	0.07	124.92	0.37	1.69	2.09	467.70	1.37	2.55
354.43	-9.92	120.18	0.34	0.49	-7.87	470.43	1.34	2.00

Tabelle 5.1: Zusammenstellung der am Simulationsmodell der Flüssigkeit-Flüssigkeit-Wärmepumpe auftretenden Temperaturen und Wärmeströme sowie der eingesetzten elektrischen Leistung und der resultierenden Leistungszahlen

Dementsprechend klein sind somit die Unterschiede zwischen der vom Prototypen erzielten Heiz- und Kälteleistungen und den entsprechenden Werten des Simulationsmodells, so dass die experimentellen und simulierten Leistungszahlen bei nahezu identischer elektrischer Leistung eine sehr gute Übereinstimmung zeigen. Die entstehenden Abweichungen werden durch die bei den Prüfstandsversuchen auftretenden Messungenauigkeiten bedingt, welche das ideal rechnende Simulationsmodell nicht abbildet. Die Abweichungen zwischen den Mess- und den Simulationsergebnissen, $\Delta\dot{Q}$, liegen jedoch bei unter fünf Prozent, so dass die Validierung des Modells als sehr gut bezeichnet werden kann.

P_{el} [W]	$\vartheta_{FL1,ein}$ [°C]	$\vartheta_{FL1,aus}$ [°C]	$\dot{Q}_{FL1}$ [W]	COP_{FL1} [−]	$\vartheta_{FL2,ein}$ [°C]	$\vartheta_{FL2,aus}$ [°C]	$\dot{Q}_{FL2}$ [W]	COP_{FL2} [−]
309.35	40.28	39.89	127.79	0.41	40.65	41.93	443.36	1.43
315.06	34.73	34.32	130.73	0.41	35.06	36.36	441.23	1.40
320.84	30.01	29.62	124.64	0.39	30.31	31.36	445.22	1.39
325.21	25.07	24.66	124.31	0.38	25.32	26.65	436.17	1.34
334.75	10.30	9.86	128.93	0.39	10.57	11.99	451.65	1.35
342.75	0.46	0.04	127.04	0.37	0.65	2.14	455.73	1.33
354.63	-9.55	-9.95	120.78	0.34	-9.43	-7.91	461.02	1.31

Tabelle 5.2: Zusammenstellung der beim Betrieb der Flüssigkeit-Flüssigkeit-Wärmepumpe gemessenen Austrittstemperaturen und Wärmeströme sowie der eingesetzten Leistung und der resultierenden Leistungszahlen

Während der Validierung ergaben sich für den thermischen und elektrischen Kontaktwiderstand konstante Werte von $R_{Ko,th} = 1 \cdot 10^{-6} W/K$ und $R_{Ko,el} = 5.12 \cdot 10^{-10} \Omega m^2$, wobei der elektrische Kontaktwiderstand im Rahmen der derzeit realisierbaren Widerstandswerte liegt (vgl. Abbildung 3.2). Da anhand der aufgenommenen Messwerte keine Rückschlüsse auf die Größe des Seebeck-Koeffizienten des verwendeten Lots ,α_{Lot}, möglich waren, wurde der Einfluss dieses Parameters bei der Validierung vernachlässigt, indem α_{Lot} gleich α gesetzt wurde. Die Werte des eingesetzten Seebeck-Koeffizienten α sowie der thermischen und elektrischen Leitfähigkeit, κ und σ, sind in Tabelle 5.3 in Abhängigkeit von der auftretenden Fluidtemperatur angeführt.

$\vartheta_{FL1,ein}$ [°C]	$\vartheta_{FL2,ein}$ [°C]	α [V/K]	κ [W/m·K]	σ [1/Ω·m]	σ_{Lit} [1/Ω·m]
40.28	40.65	$2.18 \cdot 10^{-4}$	1.29	$6.23 \cdot 10^4$	$5.76 \cdot 10^4$
34.73	35.06	$2.17 \cdot 10^{-4}$	1.29	$6.40 \cdot 10^4$	$5.83 \cdot 10^4$
30.01	30.31	$2.17 \cdot 10^{-4}$	1.30	$6.60 \cdot 10^4$	$5.90 \cdot 10^4$
25.07	25.32	$2.16 \cdot 10^{-4}$	1.30	$6.76 \cdot 10^4$	$6.01 \cdot 10^4$
10.30	10.57	$2.17 \cdot 10^{-4}$	1.20	$7.10 \cdot 10^4$	$6.29 \cdot 10^4$
0.46	0.65	$2.17 \cdot 10^{-4}$	1.31	$7.35 \cdot 10^4$	$6.54 \cdot 10^4$
-9.55	-9.43	$2.13 \cdot 10^{-4}$	1.31	$7.50 \cdot 10^4$	$6.83 \cdot 10^4$

Tabelle 5.3: Werte des bei der Validierung der Flüssigkeit-Flüssigkeit-Wärmepumpe eingesetzten Seebeck-Koeffizienten sowie der thermischen und elektrischen Leitfähigkeit des Halbleitermaterials

Die Tabelle zeigt, dass die für den Seebeck-Koeffizienten und die thermische Leitfähigkeit verwendeten Werte sehr gut mit den in Abbildung 5.3 dargestellten Literaturwerten übereinstimmen und dementsprechend mit abnehmender Fluidtemperatur sinken bzw. steigen. Aufgrund der bei den Messungen aufgenommenen Daten für die am Prototyp anliegende elektrische Leistung ergaben sich für die elektrische Leitfähigkeit Werte, welche zwar in der gleichen Größenordnung wie die Literaturdaten σ_{Lit} liegen, aber nicht mit ihnen übereinstimmen. Die in der Simulation eingesetzten Werte liegen einige Prozent über den Referenzdaten, so dass die verwendeten Module einen höheren Gütefaktor aufweisen als das referenzierte Modul. Die Betrachtung der in der Simulation verwendeten Daten zeigt jedoch, dass die eingesetzten Werte qualitativ den gleichen Verlauf wie die Literaturdaten aufweisen, so dass die elektrische Leitfähigkeit mit abnehmender Fluidtemperatur ansteigt.

Um die Funktionalität des in allen Wärmepumpenmodellen verwendeten ganzheitlichen Modells des thermoelektrischen Moduls aufzuzeigen, wird an dieser Stelle das im Modul auftretende Temperaturprofil exemplarisch für eine Simulationsanwendung dargestellt. Abbildung 5.5 zeigt die im Element vorherrschenden Temperaturen, wie sie im

Prototypen beim Betrieb mit Fluideintrittstemperaturen von jeweils 30°C auftreten, in Verbindung mit dem qualitativen Temperaturverlauf aus Abbildung 3.4.

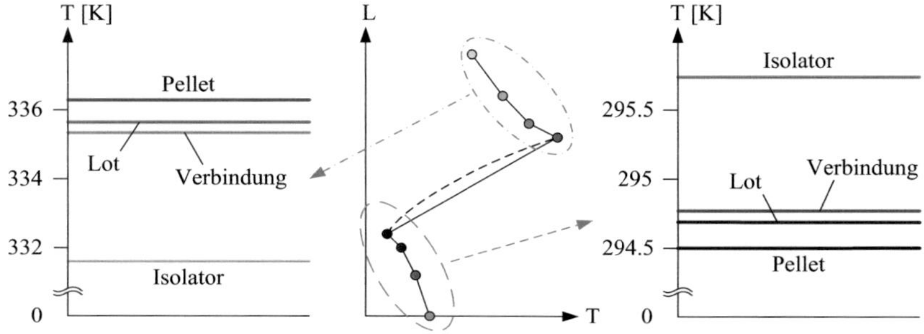

Abbildung 5.5: Darstellung der im thermoelektrischen Modul auftretenden Temperaturbedingungen

Anhand der Darstellung ist zu erkennen, dass mit dem aufgebauten Simulationsmodell die an den einzelnen Bauteilen anliegenden Temperaturen problemlos berechnet werden können. Der sich ausbildende Temperaturverlauf entspricht dabei den in Kapitel 3 angestellten Vorüberlegungen, so dass an der warmen bzw. kalten Seite des Halbleiterpellets die höchste bzw. niedrigste Temperatur auftritt. Die Betrachtung der an der warmen Seite des Moduls auftretenden Temperaturen zeigt, dass die Temperaturen von innen nach außen, d.h. vom Halbleiterpellet zur Isolationsschicht, kontinuierlich abnehmen, und folglich gilt

$$T_{Warm,Pellet} > T_{Warm,Lot} > T_{Warm,Verbindung} > T_{Warm,Isolator}. \tag{5.8}$$

Desweiteren ist ersichtlich, dass auf der kalten Seite des Elements ein Anstieg der Temperaturen in Betrachtungsrichtung vom Halbleiterpellet zur Isolationsschicht verzeichnet werden kann, so dass hier entsprechend gilt

$$T_{Kalt,Pellet} < T_{Kalt,Lot} < T_{Kalt,Verbindung} < T_{Kalt,Isolator}. \tag{5.9}$$

Anhand der Veranschaulichung des im Modul auftretenden Temperaturprofils können Rückschlüsse auf vorliegende Optimierungsmöglichkeiten gezogen werden, wobei besonderes Augenmerk auf den Kontaktwiderstand und die eingesetzte Isolationsschicht gerichtet wird. Dabei ist zu erkennen, dass der durch Einfluss des Kontaktwiderstands hervorgerufene Temperaturabfall größer ist als der Abfall über die Metallbrücke, sich jedoch durch die vergleichsweise gute Lötverbindung nicht übermäßig auf die Moduleffizienz auswirkt. Wesentlich deutlicher ist der Einfluß des eingesetzten Isolationsmaterials, welches zwar kostengünstig ist, aber eine vergleichsweise geringe Wärmeleitfähigkeit aufweist (vgl. Tabelle 3.1) und sich damit signifikant auf die an den Moduloberflächen auftretenden Temperaturen auswirkt. Die in der Grafik dargestellten Temperaturverläufe lassen somit klar erkennen, dass das ganzheitliche Modell in der Lage ist, die im Modul herrschenden Bedingungen abzubilden und dementsprechend für die Optimierung des thermoelektrischen Elements mittels Sensitivitätsanalyse und Parametervariation geeignet ist.

Typ 2: Luft-Flüssigkeit-Wärmepumpe

Bei der Validierung der Luft-Flüssigkeit-Wärmepumpe wurde für den thermischen Widerstand des Lamellen-Wärmeübertragers bzw. des Flachrohrkanals ein konstanter Wert von R = 5.95 $\cdot 10^{-5}$ K/W bzw. R = 2.43 $\cdot 10^{-1}$ K/W eingesetzt, wobei der Einfluss der zwischen dem thermoelektrischen Element und dem jeweiligen Wärmeüber- trager aufgetragenen Wärmeleitpaste hierin enthalten ist. Der für die Berechnungen verwendete luftseitige Wärmeübergangskoeffizient belief sich in Abhängigkeit von den Einsatzbedingungen auf α = 10.3 - 10.8 W/K bzw. 12.9 - 13.6 W/K. Für den Wärmeübergangskoeffizienten der Flüssigkeit ergaben die Messergebnisse einen Wert von α = 531 - 572 W/K bzw. 293 - 327 W/K. Die in den Simulationen erzielten Austrittstemperaturen und Wärmeströme sowie die eingesetzte Leistung und die resultierenden Leistungszahlen sind in Tabelle 5.4 aufgeführt.

P_{el} [W]	$\vartheta_{L,aus}$ [°C]	$\dot{Q}_L$ [W]	COP_L [−]	$\Delta\dot{Q}_L$ [%]	$\vartheta_{FL,aus}$ [°C]	$\dot{Q}_{FL}$ [W]	COP_{FL} [−]	$\Delta\dot{Q}_{FL}$ [%]
346.50	18.28	135.45	0.39	0.23	40.68	481.95	1.39	4.31
353.46	17.89	143.12	0.40	1.32	35.62	496.58	1.40	3.56
361.09	16.99	152.10	0.42	0.15	31.10	513.19	1.42	4.43
366.92	15.54	158.68	0.43	0.18	26.41	525.60	1.43	4.61
335.00	40.25	407.92	1.21	0.86	9.96	72.91	0.21	4.40
338.90	38.12	385.38	1.13	1.40	0.42	46.47	0.13	4.43
340.76	35.87	352.61	1.03	0.04	-9.69	11.85	0.03	4.30

Tabelle 5.4: Zusammenstellung der am Simulationsmodell der Luft-Flüssigkeit-Wärmepumpe auftretenden Temperaturen und Wärmeströme sowie der eingesetzten elektrischen Leistung und der resultierenden Leistungszahlen

Der Vergleich mit den entsprechenden Messergebnissen in Tabelle 5.5 zeigt eine sehr gute Übereinstimmung zwischen den Simulationsergebnissen und den experimentellen Daten.

P_{el} [W]	$\vartheta_{L,ein}$ [$°C$]	$\vartheta_{L,aus}$ [$°C$]	$\dot{Q}_L$ [W]	COP_L [$-$]	$\vartheta_{FL,ein}$ [$°C$]	$\vartheta_{FL,aus}$ [$°C$]	$\dot{Q}_{FL}$ [W]	COP_{FL} [$-$]
346.70	30.71	18.18	135.13	0.39	39.73	40.53	461.14	1.33
353.63	31.04	17.60	145.01	0.41	34.63	35.48	478.87	1.35
361.06	30.96	16.84	152.33	0.42	30.08	30.97	490.41	1.36
366.82	30.07	15.39	158.38	0.43	25.35	26.29	501.32	1.37
335.04	10.53	40.31	404.40	1.21	10.28	10.02	69.70	0.20
338.91	10.09	38.07	379.97	1.12	0.56	0.42	44.41	0.13
340.76	10.10	36.07	352.77	1.04	-9.66	-9.69	11.24	0.03

Tabelle 5.5: Zusammenstellung der beim Betrieb der Luft-Flüssigkeit-Wärmepumpe gemessenen Austrittstemperaturen und Wärmeströme sowie der eingesetzten Leistung und der resultierenden Leistungszahlen

Die Unterschiede zwischen der experimentellen und simulierten elektrischen Leistung sowie der Werte für Heiz- und Kälteleistungen und den entsprechenden Leistungszahlen sind sehr gering. Auftretende Abweichungen werden auch hier durch die bei den Prüfstandsversuchen vorkommenden Messungenauigkeiten bedingt, die von dem ideal rechnenden Simulationsmodell nicht berücksichtigt werden. Die Abweichungen zwischen den Mess- und den Simulationsergebnissen, $\Delta\dot{Q}$, liegen wie schon bei der Wärmepumpe vom Typ 1 bei unter fünf Prozent, weswegen auch die Validierung für das Modell der Luft-Flüssigkeit-Wärmepumpe als sehr gut bezeichnet werden kann.

Da innerhalb der drei Wärmepumpen-Prototypen immer dieselben thermoelektrischen Module zum Einsatz kamen, wurden bei der Anpassung für den thermischen und elektrische Kontaktwiderstand erneut die konstanten Werte $R_{Ko,th} = 1 \cdot 10^{-6} W/K$ und $R_{Ko,el} = 5.12 \cdot 10^{-10} \Omega m^2$ verwendet, der Einfluss des Seebeck-Koeffizienten des eingesetzten Lots, α_{Lot}, wurde abermals vernachlässigt und α_{Lot} gleich α gesetzt.

Tabelle 5.6 zeigt die während der Validierung eingesetzten Werte des Seebeck-Koeffizienten α sowie der thermischen und elektrische Leitfähigkeit, κ und σ, in Abhängigkeit von der Flüssigkeits- und Lufteintrittstemperatur.

Entsprechend der Ergebnisse der Flüssigkeit-Flüssigkeit-Wärmepumpe ist auch in dieser Tabelle erkennbar, dass die für den Seebeck-Koeffizienten und die thermische Leit- fähigkeit verwendeten Werte sehr gut mit den Literaturwerten übereinstimmen und einen dementsprechenden temperaturabhängigen Verlauf aufzeigen. Die für die elektrische Leitfähigkeit eingesetzten Werte liegen wenige Prozentpunkte über den Referenzdaten σ_{Lit}, wobei die eingesetzten Werte jedoch qualitativ erneut den gleichen Verlauf wie die Literaturdaten aufweisen und auch hier die elektrische Leitfähigkeit mit abnehmender Fluidtemperatur ansteigt. Aufgrund der unterschiedlichen Randbedin-

$\vartheta_{L,ein}$ [°C]	$\vartheta_{FL,ein}$ [°C]	α [V/K]	κ [W/m · K]	σ [1/Ω · m]	σ_{Lit} [1/Ω · m]
30.71	39.73	$2.18 \cdot 10^{-4}$	1.29	$6.00 \cdot 10^{4}$	$5.83 \cdot 10^{4}$
31.04	34.63	$2.19 \cdot 10^{-4}$	1.29	$6.15 \cdot 10^{4}$	$5.87 \cdot 10^{4}$
30.96	30.08	$2.18 \cdot 10^{-4}$	1.29	$6.35 \cdot 10^{4}$	$5.90 \cdot 10^{4}$
30.07	25.35	$2.17 \cdot 10^{-4}$	1.29	$6.47 \cdot 10^{4}$	$5.95 \cdot 10^{4}$
10.53	10.28	$2.17 \cdot 10^{-4}$	1.30	$6.65 \cdot 10^{4}$	$6.29 \cdot 10^{4}$
10.09	0.56	$2.16 \cdot 10^{-4}$	1.31	$6.76 \cdot 10^{4}$	$6.41 \cdot 10^{4}$
10.10	-9.66	$2.13 \cdot 10^{-4}$	1.31	$6.82 \cdot 10^{4}$	$6.54 \cdot 10^{4}$

Tabelle 5.6: Werte des bei der Validierung der Luft-Flüssigkeit-Wärmepumpe eingesetzten Seebeck-Koeffizienten sowie der thermischen und elektrischen Leitfähigkeit des Halbleitermaterials

gungen, welche zu unterschiedlichen Temperaturprofilen innerhalb der Module führen, unterscheiden sich die in der Typ 1 Wärmepumpe eingesetzten Werte geringfügig von den in der Simulation der Luft-Flüssigkeit-Wärmepumpe verwendeten Parameter.

Typ 3: Luft-Luft-Wärmepumpe

Die Validierung der Luft-Luft-Wärmepumpe wurde mit einem, von den Betriebsbedingungen abhängigen, Wärmeübergangskoeffizienten α = 10.75 - 12.10 W/K und einem konstanten thermischen Widerstand des Lamellen-Wärmeübertragers von R = 5.95 $\cdot 10^{-5}$ K/W durchgeführt. Wie auch bei den Wärmepumpen vom Typ 1 und 2 wird der Einfluss der zwischen dem thermoelektrischen Element und den Wärmeübertragern aufgetragenen Wärmeleitpaste in dem thermischen Widerstand des Wärmeübertragers berücksichtigt. Die in den Simulationen erzielten Austrittstemperaturen und Wärmeströme sowie die eingesetzte Leistung und die resultierenden Leistungszahlen sind in Tabelle 5.7 zusammengestellt.

Entsprechend der Ergebnisse der Typ 1 und Typ 2 Wärmepumpe zeigt der Vergleich zwischen den Simulationsergebnissen und den in Tabelle 5.8 aufgeführten experimentellen Daten ebenfalls eine sehr gute Übereinstimmung.

Die geringfügigen Unterschiede zwischen der experimentellen und simulierten elektrischen Leistung sowie der Werte für Heiz- und Kälteleistungen und den entsprechenden Leistungszahlen können auch hier über die bei den Prüfstandsversuchen vorkommenden Messungenauigkeiten erklärt werden, welche in dem ideal rechnenden Simulationsmodell keine Berücksichtigung finden. Die zwischen den Mess- und den Simulationsergebnissen auftretenden Abweichungen $\Delta\dot{Q}$ betragen jedoch unter vier Prozent, so dass auch für das Modell der Typ 3 Wärmepumpe eine sehr gute Validierung vorliegt.

P_{el} [W]	$\vartheta_{L1,aus}$ [°C]	$\dot{Q}_{L1}$ [W]	COP_{L1} [−]	$\Delta\dot{Q}_{L1}$ [%]	$\vartheta_{L2,aus}$ [°C]	$\dot{Q}_{L2}$ [W]	COP_{L2} [−]	$\Delta\dot{Q}_{L1}$ [%]
310.66	67.05	383.76	1.23	1.11	24.96	74.14	0.23	3.66
318.50	60.45	390.77	1.22	1.38	18.69	72.27	0.22	2.45
323.55	55.24	395.26	1.22	1.46	13.83	71.70	0.22	0.10
330.212	50.09	400.90	1.21	2.02	8.99	70.96	0.21	2.29
336.75	44.71	404.23	1.20	3.08	4.30	67.54	0.20	1.36
434.24	39.85	409.41	1.19	2.47	-0.44	66.17	0.19	2.46

Tabelle 5.7: Zusammenstellung der am Simulationsmodell der Luft-Luft-Wärmepumpe auftretenden Temperaturen und Wärmeströme sowie der eingesetzten elektrischen Leistung und der resultierenden Leistungszahlen

Während der Anpassung wurden für den thermischen und elektrischen Kontaktwiderstand erneut die konstanten Werte $R_{Ko,th} = 1 \cdot 10^{-6} W/K$ und $R_{Ko,el} = 5.12 \cdot 10^{-10} \Omega m^2$ verwendet, wie sie bereits für die Validierung der anderen beiden Simulationsmodelle zum Einsatz kamen, während der Einfluss des Seebeck-Koeffizienten des verwendeten Lots, α_{Lot}, erneut vernachlässigt wurde. In Tabelle 5.9 sind die Werte des bei der Anpassung verwendeten Seebeck-Koeffizienten sowie der thermischen und elektrischen Leitfähigkeit in Abhängigkeit von der eingestellten Fluidtemperatur aufgeführt.

P_{el} [W]	$\vartheta_{L1,ein}$ [°C]	$\vartheta_{L1,aus}$ [°C]	$\dot{Q}_{L1}$ [W]	COP_{L1} [−]	$\vartheta_{L2,ein}$ [°C]	$\vartheta_{L2,aus}$ [°C]	$\dot{Q}_{L2}$ [W]	COP_{L2} [−]
310.93	31.61	66.37	379.48	1.22	31.61	24.46	76.86	0.25
318.16	25.13	60.39	385.34	1.21	25.13	18.46	74.04	0.23
323.86	20.11	56.20	401.04	1.24	20.11	13.77	71.63	0.22
330.08	15.07	51.24	409.02	1.24	15.07	9.04	69.33	0.21
336.73	10.01	46.22	416.70	1.24	10.01	4.31	66.62	0.20
343.15	5.05	40.25	419.53	1.22	5.05	-0.29	64.54	0.19

Tabelle 5.8: Zusammenstellung der beim Betrieb der Luft-Luft-Wärmepumpe gemessenen Austrittstemperaturen und Wärmeströme sowie der eingesetzten Leistung und der resultierenden Leistungszahlen

Wie bereits bei der Flüssigkeit-Flüssigkeit- und der Luft-Flüssigkeit-Wärmepumpe beschrieben, stimmen die für den Seebeck-Koeffizienten und die thermische Leitfähigkeit verwendeten Werte sehr gut mit den Literaturwerten überein und weisen mit sinkender Fluidtemperatur eine Abnahme bzw. Zunahme der Werte auf. Die verwendeten Werte der elektrischen Leitfähigkeit weichen erneut um einige Prozentpunkte von den

$\vartheta_{L1,ein}$ [°C]	$\vartheta_{L2,ein}$ [°C]	α [V/K]	κ [$W/m \cdot K$]	σ [$1/\Omega \cdot m$]	σ_{Lit} [$1/\Omega \cdot m$]
31.61	31.61	$2.19 \cdot 10^{-4}$	1.29	$6.00 \cdot 10^{4}$	$5.89 \cdot 10^{4}$
25.13	25.13	$2.18 \cdot 10^{-4}$	1.30	$6.18 \cdot 10^{4}$	$5.99 \cdot 10^{4}$
20.11	20.11	$2.18 \cdot 10^{-4}$	1.30	$6.35 \cdot 10^{4}$	$6.08 \cdot 10^{4}$
15.07	15.07	$2.17 \cdot 10^{-4}$	1.30	$6.51 \cdot 10^{4}$	$6.18 \cdot 10^{4}$
10.01	10.01	$2.17 \cdot 10^{-4}$	1.31	$6.70 \cdot 10^{4}$	$6.29 \cdot 10^{4}$
5.05	5.05	$2.14 \cdot 10^{-4}$	1.31	$6.88 \cdot 10^{4}$	$6.41 \cdot 10^{4}$

Tabelle 5.9: Werte des bei der Validierung der Luft-Luft-Wärmepumpe eingesetzten Seebeck-Koeffizienten sowie der thermischen und elektrische Leitfähigkeit des Halbleitermaterials

Literaturdaten σ_{Lit} ab, so dass sie knapp über den Referenzdaten liegen. Hierbei ist für die eingesetzten Werte im Vergleich qualitativ wiederum der gleiche Verlauf wie bei den Literaturdaten und eine entsprechende Zunahme der elektrischen Leitfähigkeit mit sinkender Lufttemperatur zu erkennen.

Da bei der Vermessung des Prototypen ebenfalls Randbedingungen gewählt wurden, die z.T. von denen der anderen beiden Prototyp-Wärmepumpen verschieden sind, kommt es auch hier zu leichten Unterschieden zwischen den in den Simulationen eingesetzten Werten der elektrischen Leitfähigkeit, wobei die verwendeten Parameter jedoch alle im Bereich von 6 bis $7.5 \cdot 10^4 \ \frac{1}{\Omega \cdot m}$ liegen.

5.2.2 Thermoelektrischer Generator

Der für die Validierung der Simulationsmodelle des thermoelektrischen Generators verwendete Simulationsaufbau orientiert sich ebenfalls an dem Aufbau des experimentellen Prüfstands, so dass die Simulationen neben dem Generator zwei Fluidquellen und -senken sowie einen regelbaren Lastwiderstand aufweisen. In Abbildung 5.6 ist das Blockdiagramm einer entsprechenden Simulation exemplarisch dargestellt.

Der am thermoelektrischen Modul anliegende Lastwiderstand kann mit Hilfe einer programmierbaren Rampe vorgegeben werden und entspricht den in den Messungen verwendeten Widerständen. Die am Modul auftretende Temperaturdifferenz wird über die Temperaturen der Wasser-Glykol-Gemische eingestellt, wobei auch hier die experimentell ermittelten Werte verwendet wurden. Die an dem Element anliegende Spannung und Stromstärke entsprechen im optimalen Fall den am Prototyp experimentell aufgenommenen Werten und sind die maßgeblichen Größen für die Bewertung der Validierungsgüte.

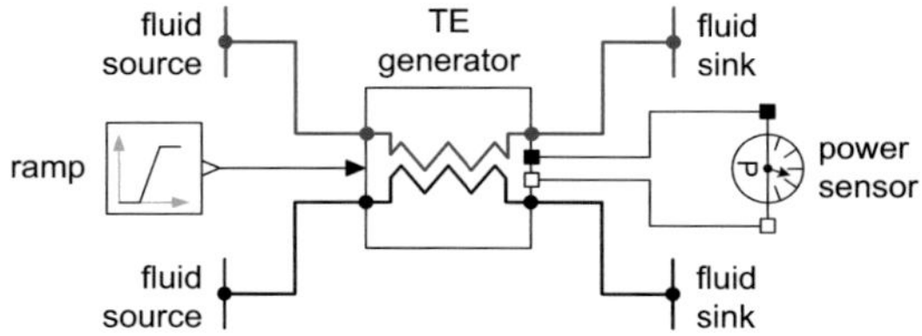

Abbildung 5.6: Exemplarische Darstellung der in den Simulationen verwendeten Blockdiagramme

Die Validierung des thermoelektrischen Generators wurde mit einem konstanten thermischen Widerstand des Flachrohrwärmeübertragers von R = 1.43 $\cdot 10^{-1}$ K/W durchgeführt, wobei hierin auch der Einfluss der zwischen dem thermoelektrischen Element und den Wärmeübertragern aufgetragenen Wärmeleitpaste berücksichtigt wurde. Der thermische und elektrische Kontaktwiderstand der Lötverbindung ergab sich zu $R_{Ko,th} = 1.6 \cdot 10^{-6} W/K$ und $R_{Ko,el} = 5.7 \cdot 10^{-10} \Omega m^2$, womit die Widerstände leicht über den Werten der in den thermoelektrischen Wärmepumpen zum Einsatz kommenden Module liegen. Anhand der aufgenommenen experimentellen Daten waren Rückschlüsse auf den Seebeck-Koeffizienten α_{Lot} nicht möglich, so dass der Einfluss des Parameters vernachlässigt und α_{Lot} gleich α gesetzt wurde.

In Abbildung 5.7 ist der Verlauf der in den Simulationen erzielten elektrischen Leistungen in Abhängigkeit von der Stromstärke und den untersuchten Temperaturdifferenzen dargestellt.

Entsprechend der in Abbildung 4.7 dargestellten Messergebnisse zeigen auch die Simulationsergebnisse, dass sowohl die erzielte elektrische Leistung als auch die auftretende Stromstärke mit Erhöhung der am Modul anliegenden Temperaturdifferenz stark zunimmt. Die Abhängigkeit zwischen elektrischer Leistung und elektrischer Stromstärke wird über ein polynomische Beziehungen zweiter Ordnung beschrieben, wobei alle Kurvenverläufe ein Maximum aufweisen, welches mit zunehmender Temperaturdifferenz ansteigt und sich zu Werten höherer Stromstärke verlagert.

Die an den Maxima auftretenden Werte des Lastwiderstands, des inneren und effektiven elektrischen Widerstands sowie der Spannung, der Stromstärke, der elektrischen Leistung wie auch der Leerlaufspannung und des Seebeck-Koeffizienten S des Gesamtmoduls sind Tabelle 5.10 aufgeführt.

Der Vergleich der Simulationsergebnisse mit den entsprechenden, in Tabelle 5.11 angeführten Messdaten, lässt erkennen, dass die simulierten und experimentellen Werte der am Prototyp anliegenden Spannung und Stromstärke sehr gut übereinstimmen, was sich entsprechend auf in den geringen Unterschieden ΔP_{el} zwischen der aufgenommenen und der berechneten elektrischen Leistung widerspiegelt. Wie bereits bei den

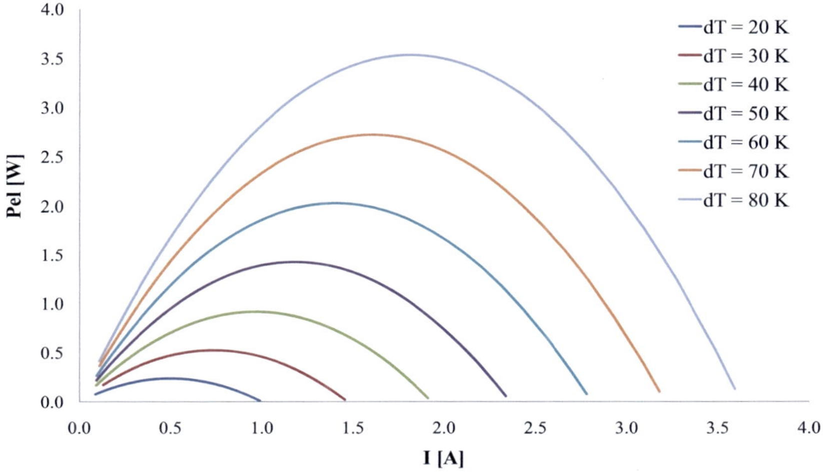

Abbildung 5.7: Verlauf der in den Simulationen erzielten elektrischen Leistungen in Abhängigkeit von der Stromstärke und den untersuchten Temperaturdifferenzen

Prüfstandsversuchen beträgt der bei den Maxima jeweils vorliegende Lastwiderstand bei allen durchgeführten Simulationen 1 Ω, so dass auch die Simulationsergebnisse nahezu identische Werte für Spannung und Stromstärke aufweisen.

Die weitere Betrachtung der Tabelle 5.10 zeigt, dass der in der Simulation auftretende effektive elektrische Widerstand R_{eff} dem am thermoelektrischen Generator anliegenden Lastwiderstand R_{Last} entspricht. Der Innenwiderstand R_{Innen} des Moduls weist deutlich kleinere Werte auf, wodurch der negative Einfluss des durch die Lötverbindung hervorgerufenen Kontaktwiderstands klar ersichtlich ist.

Die Gegenüberstellung der in den Tabellen 5.11 und 5.10 angeführten Ergebnisse für den Seebeck-Koeffizienten S zeigt, dass zwischen den aus den experimentellen Daten berechneten Werte und den Simulationsergebnissen deutliche Abweichungen auftreten. Diese Unterschiede lassen sich jedoch mit der in Kapitel 3 angeführten Vorüberlegung bzgl. der im thermoelektrischen Generatormodul auftretenden Temperaturbedingungen und unter Berücksichtigung dem in Gleichung 2.1 angeführten Zusammenhang zwischen der Seebeckspannung, dem Seebeck-Koeffizienten und der Temperaturdifferenz erklären:

Die für die Berechnung des in Tabelle 5.11 aufgeführten Seebeck-Koeffizienten herangezogenen experimentellen Temperaturen entsprechen denen der eingesetzten Wärmesenke bzw. Wärmequelle und sind damit höher als die am thermoelektrischen Halblei-

ΔT	R_{Innen}	R_{eff}	R_{Last}	U_{Last}	I	$U_{Seebeck}$	S	P_{el}	ΔP_{el}
$[K]$	$[\Omega]$	$[\Omega]$	$[\Omega]$	$[V]$	$[A]$	$[V]$	$[V/K]$	$[W]$	$[\%]$
20	0.800	0.953	0.998	0.485	0.486	0.949	0.0504	0.2371	0.2
30	0.818	0.970	1.003	0.724	0.722	1.424	0.0505	0.5226	0.3
40	0.844	0.997	1.013	0.964	0.952	1.909	0.0510	0.9198	0.3
50	0.866	1.019	1.017	1.205	1.189	2.415	0.0508	1.4316	0.7
60	0.871	1.024	1.020	1.440	1.419	2.886	0.0513	2.0347	0.1
70	0.887	1.039	1.025	1.672	1.631	3.367	0.0515	2.7274	0.5
80	0.904	1.056	1.027	1.898	1.848	3.852	0.0519	3.5110	0.6

Tabelle 5.10: Zusammenstellung der an den Maxima der Kurvenverläufe auftretenden charakteristischen Parameter

termaterial tatsächlich auftretenden Temperaturen. Im Gegensatz dazu kamen in der Simulation die am thermoelektrischen Halbleitermaterial, unter Berücksichtigung der thermischen Widerstände der einzelnen Bauteile, tatsächlich auftretenden Temperaturen für die Berechnung der Parameter zum Einsatz. Bei äquivalenten Werten für die vom Modul erzielte Seebeckspannung fallen die über die experimentellen Daten ermittelten Seebeck-Koeffizienten aufgrund der eingesetzten Temperaturdifferenzen entsprechend geringer aus als die Simulationsergebnisse. Die im Halbleitermaterial unter den betrachteten Bedingungen tatsächlich auftretenden Koeffizienten können durch die in Tabelle 5.11 aufgeführten Werte somit nicht exakt wiedergeben werden, weswegen über die experimentellen Daten nur eine erste Abschätzung der vorliegenden Materialparameter möglich ist.

ΔT	ϑ_{kalt}	ϑ_{warm}	R_{Last}	U_{Last}	I	$U_{Seebeck}$	S	P_{el}
$[K]$	$[°C]$	$[°C]$	$[\Omega]$	$[V]$	$[A]$	$[V]$	$[V/K]$	$[W]$
20	10.1	30.3	1.0	0.486	0.487	0.945	0.0466	0.2367
30	10.1	40.1	1.0	0.725	0.723	1.418	0.0470	0.5242
40	10.1	50.1	1.0	0.964	0.957	1.906	0.0474	0.9225
50	10.1	60.2	1.0	1.207	1.187	2.403	0.0478	1.4327
60	10.0	70.1	1.0	1.433	1.420	2.891	0.0480	2.0349
70	10.2	80.3	1.0	1.649	1.653	3.393	0.0482	2.7258
80	10.1	90.4	1.0	1.895	1.865	3.879	0.0484	3.5342

Tabelle 5.11: Zusammenstellung der beim Betrieb des thermoelektrischen Generators and den Punkten maximaler elektrischer Leistung auftretenden charakteristischen Werte

Aus Abbildung 5.8 ist ersichtlich, dass die Messdaten und die über die Simulation ermittelten Werte nicht nur bei den auftretenden Maxima sehr gute Übereinstimmung zeigen. In der Darstellung werden experimentelle und simulierte Werte gegenübergestellt, wobei exemplarisch der Verlauf der elektrischen Leistung und der auftretenden Spannung bei einer Temperaturdifferenz von $\Delta T = 50$ K über der Stromstärke aufgetragen wurde. Die entsprechenden Darstellungen für die übrigen untersuchten Randbedingungen sind im Anhang (s. Anhang C) zu finden.

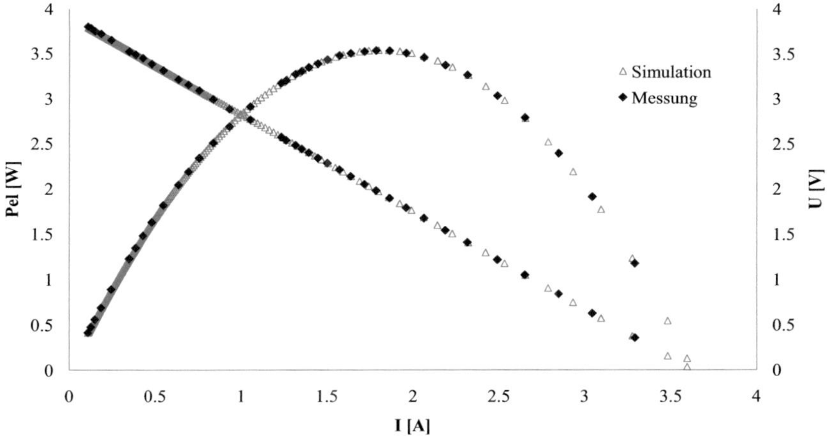

Abbildung 5.8: Gegenüberstellung der experimentellen Daten und Simulationsergebnisse für eine Temperaturdifferenz von $\Delta T = 50$ K

Die Grafik zeigt, dass die lineare Abhängigkeitsbeziehung zwischen der anliegenden Spannung und der auftretenden Stromstärke sowie der Zusammenhang zwischen der erzielten elektrischen Leistung und der Stromstärke durch die Simulation problemlos abgebildet werden kann. Dabei treten nur geringfügige Abweichungen zwischen den experimentellen und den berechneten Daten auf, so dass alle simulierten Werte mit den entsprechenden Messpunkten übereinstimmen. Auch für die übrigen untersuchten Randbedingungen lassen sich entsprechende Übereinstimmungen zwischen den experimentellen Daten und den Simulationsergebnissen verzeichnen. Dementsprechend ist das Simulationsmodell problemlos in der Lage, die in den Prüfstandversuchen aufgenommenen Messdaten abzubilden und die Validierung für das Modell der thermoelektrischen Generators kann als sehr gut bezeichnet werden.

Das dazugehörige, im thermoelektrischen Generator im Betrieb mit einer Temperaturdifferenz von $\Delta T = 50$ K auftretende Temperaturprofil zeigt Abbildung 5.9, wobei die im Element vorherrschenden Temperaturen zusammen mit dem qualitativen Temperaturverlauf aus Abbildung 3.4 dargestellt sind.

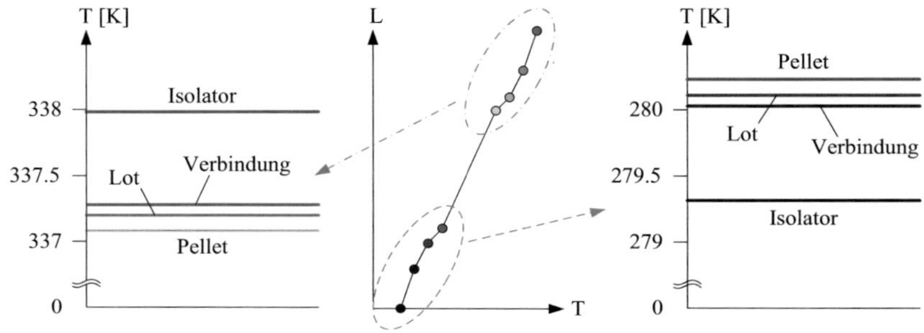

Abbildung 5.9: Darstellung der im thermoelektrischen Generatormodul auftretenden Temperaturbedingungen

Anhand der Darstellung ist zu erkennen, dass der sich ausbildende Temperaturverlauf ebenfalls den in Kapitel 3 angestellten Vorüberlegungen entspricht, so dass an den Isolationsschichten, welche in direktem Kontakt mit der Wärmesenke bzw. -quelle stehen, die niedrigste bzw. höchste Temperatur auftritt.

Die Betrachtung der an der warmen Seite des thermoelektrischen Generators auftretenden Temperaturen zeigt, dass die Temperaturen von außen nach innen, d.h. von der Isolationsschicht zum Halbleiterpellet hin abnehmen und dementsprechend gilt

$$T_{Warm,Isolator} > T_{Warm,Verbindung} > T_{Warm,Lot} > T_{Warm,Pellet}. \tag{5.10}$$

Auf der kalten Seite des Elements kann ein Anstieg der Temperaturen in Betrachtungsrichtung von der Isolationsschicht zum Halbleiterschenkel verzeichnet werden, so dass hier gilt

$$T_{Kalt,Isolator} < T_{Kalt,Verbindung} < T_{Kalt,Lot} < T_{Kalt,Pellet}. \tag{5.11}$$

Wie bereits beim in Abbildung 5.5 angeführten Temperaturprofil der thermoelektrischen Wärmepumpe ist zu erkennen, dass der Einfluß des eingesetzten Isolationsmaterials sich signifikant auf die an den Halbleiterschenkeln auftretenden Temperaturen auswirkt und bei der Modulherstellung dringend auf ein Material mit höherer Wärmeleitfähigkeit zurückgegriffen werden sollte. Aufgrund der guten Lötverbindung fällt der Einfluss des Kontaktwiderstandes, wie bereits bei der thermoelektrischen Wärmepumpe relativ gering aus, so dass er nur moderate Auswirkungen auf die Moduleffizienz hat.

Die Grafik lässt somit klar erkennen, dass auch das ganzheitliche Modell des thermoelektrischen Generators die im Modul herrschenden Bedingungen problemlos abbilden kann und für die Optimierung des thermoelektrischen Elementes mittels Sensitivitätsanalyse und Parametervariation einsetzbar ist.

5.3 Instationäre Validierung

Um die Anwendbarkeit der Simulation nicht nur für stationäre, sondern auch für transiente Vorgänge zu demonstrieren, wird an dieser Stelle eine instationäre Zustandsänderung anhand der Luft-Flüssigkeit-Wärmepumpe exemplarisch diskutiert.

In Abbildung 5.10 ist die Umkehr der am Prototypen anliegenden Spannung und die dadurch hervorgerufenen Temperaturänderungen bei einer Lufttemperatur von 30°C und einer Temperatur des Wasser-Glykol-Gemisches von 40°C dargestellt. Dabei zeigt die Abbildung in der oberen Darstellung die Umkehrung der anliegenden Spannung, während in der mittleren und unteren Grafik der Vergleich zwischen den gemessenen und simulierten Flüssigkeits- und Luftaustrittstemperaturen zu sehen ist.

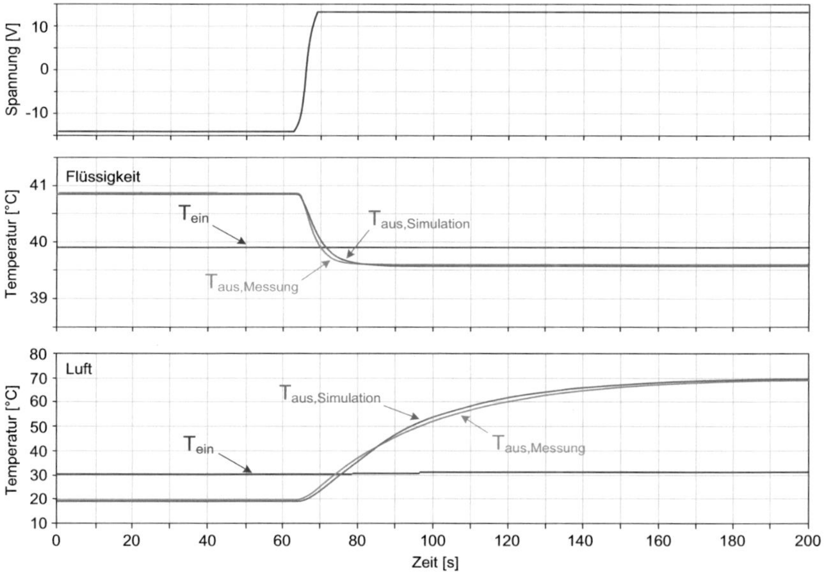

Abbildung 5.10: Darstellung der bei einer Spannungsumkehr auftretenden Temperaturänderungen und Vergleich der gemessenen und simulierten Wasser- bzw. Luftaustrittstemperaturen

In der Grafik ist zu erkennen, dass die simulierten Austrittstemperaturen des Gas- und Flüssigkeitsstroms sehr gut mit den entsprechenden Messdaten übereinstimmen. Des Weiteren ist zu sehen, dass die Simulation genauso schnell auf die Umkehr der anliegenden Spannung reagiert wie das reale System, wobei in der transienten Übergangsphase geringe Abweichungen zwischen den simulierten und den gemessenen Werten auftreten.

Bei den simulierten Fluidaustrittstemperaturen ist eine leichte Verzögerung erkennbar, so dass das Erreichen der stationären Endtemperatur geringfügig mehr Zeit in Anspruch nimmt als im realen System. Diese Verzögerung wird vermutlich durch die hohe kapazitive Masse des Isolationsmaterials verursacht, dessen Materialeigenschaften vom Hersteller nicht näher spezifiziert wurden, weswegen auf die Wärmekapazität des handelsüblichen keramischen Materials Aluminiumoxid zurückgegriffen wurde.

Trotz dieser auftretenden leichten Verzögerung während der Übergangsphase ist sowohl das ganzheitliche Modell des thermoelektrischen Moduls als auch die Systemsimulation in der Lage, transiente Zustandsänderungen in sehr guter Näherung abzubilden und daher problemlos für stationäre und instaionäre Simulationen einsetzbar.

6 Anwendung der Simulation

Um die Anwendbarkeit der Simulationsmodelle aufzuzeigen, wurde sowohl für die thermoelektrische Wärmepumpe als auch für den thermoelektrischen Generator jeweils eine exemplarische Systemsimulation in einem repräsentativen Einsatzbereich durchgeführt. Die Auswahl der Einsatzszenarien erfolgte dabei unter dem Aspekt, die Vielfältigkeit und das breite Anwendungspotential thermoelektrischer Systeme widerzuspiegeln. Zudem sollten in der jeweiligen Anwendung die bereits erwähnten Vorteile thermoelektrischer Module, wie z.B. geringer Wartungsaufwand und lange Lebensdauer, zum Tragen kommen und der Einsatz letztendlich einen Nutzen für Verbraucher und Umwelt aufweisen.

Um das Potential thermoelektrischer Module fernab von Nischenanwendungen oder dem zur Zeit intensiv diskutierten Einsatz im Fahrzeug darzustellen, wurde mit Hilfe der Simulation der Einsatz eines thermoelektrischen Systems in einem Kondensationswäschetrockner sowie innerhalb des Abgasstrangs einer Biogasanlage untersucht. Die Bewertung des Anwendungspotentials thermoelektrischer Systeme innerhalb dieser Einsatzgebiete erfolgte über den Vergleich der erzielten Simulationsergebnisse mit entsprechenden Angaben konventioneller Systeme. Die Implementierung der thermoelektrischen Wärmepumpe bzw. des thermoelektrischen Generators in die bereits bestehenden Systeme, die erzielten Resultate sowie die energetische Evaluierung werden auf den folgenden Seiten erläutert und dargestellt.

6.1 Einsatz der thermoelektrischen Wärmepumpe

In konvektiven Trocknungsprozessen gegenwärtig eingesetzte, herkömmliche Kompressionswärmepumpen benötigen während des Trocknungsbetriebes nur halb so viel Primärenergie wie konventionelle Systeme mit elektrischer Widerstandsheizung [47 - 49]. Die ökologische Betrachtung von Wärmepumpen wirft jedoch zwangsläufig die Frage nach dem eingesetzten Arbeitsstoff auf, bei welchem es sich üblicherweise um einen Fluor-Kohlen-Wasserstoff mit hohem Treibhauspotenzial handelt.

Um die Umweltbelastung infolge dieser Kältemittel zu reduzieren, ist der Ersatz der eingesetzten konventionellen Wärmepumpe durch ein Alternativsystem notwendig. Im Zuge dessen sind thermoelektrische Wärmepumpen, deren Wirkungsgrad aufgrund verbesserter Materialien deutlich gestiegen ist, für das Anwendungsgebiet der Kondensationswäschetrockner zunehmend interessant geworden. Dementsprechend existieren bereits einige Konzepte bzgl. der Idee, zukünftige Wäschetrocknergenerationen mit thermoelektrischen Wärmepumpen zu bestücken [50 - 53], wobei jedoch noch keine Aussage darüber getroffen wurde, ob thermoelektrische Systeme tatsächlich eine effiziente Alternative zu herkömmlichen Wärmepumpensystemen darstellen können.

6.1.1 Stand der Technik von Kondensationswäschetrocknern

Ein Kondensationswäschetrockner mit Wärmepumpe zeichnet sich durch den sogenannten geschlossenen Trocknungsprozess aus, bei welchem die Luft innerhalb des Trockners in einem weitestgehend geschlossenen Kreislauf zirkuliert. Die notwendige Abkühlung bzw. Aufheizung der Prozessluft findet dabei in dem Verdampfer bzw. Kondensator der kältemittelbetriebenen Wärmepumpe statt, so dass sich die in Abbildung 6.1 schematisch dargestellte Verschaltung der Bauteile und der folgende Trocknungsprozess ergibt.

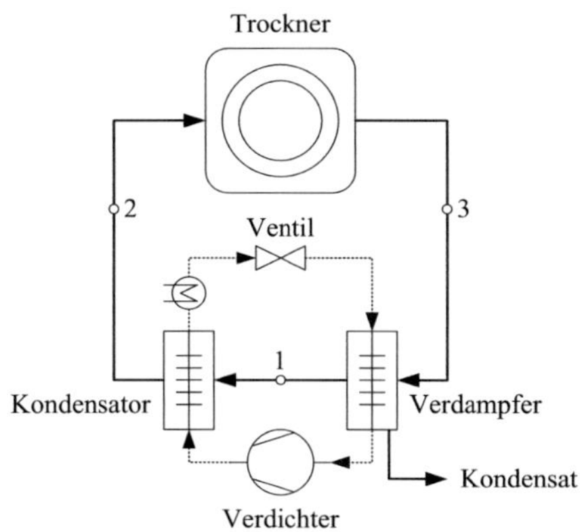

Abbildung 6.1: Schematisch dargestellte Verschaltung der Bauteile eines kältemittelbetriebenen Kondensationswäschetrockners

Im Trockungsprozesses wird die kühle, trockene Luft (1) im Kondensator zunächst erwärmt (2) und im Anschluß daran durch die in der Trocknertrommel umgewälzte, feuchte Wäsche geleitet. Während des in der Trommel ablaufenden Verdunstungsvorgangs nimmt die Luft Wasser auf, wobei sie sich entlang einer Geraden mit der Steigung $\frac{dh}{dx} = h_{w,ein}$ kontinuierlich abkühlt und die Trommel schließlich als feuchte Luft auf mittlerem Temperaturniveau verlässt (3). Anschließend durchströmt die so konditionierte Luft den Verdampfer, in welchem sie abkühlt, so dass die Taupunktstemperatur unterschritten wird und die in der Luft enthaltene Feuchtigkeit als Wasser ausfällt. Nach

Abzug des Kondensats wird die kühle, trockene Luft (1) erneut dem Kondensator zugeführt, wodurch sich der Kreislauf schließt.

Die innerhalb des Kreislaufs auftretenden Zustandsänderungen der feuchten Luft sind in Abbildung 6.2 in einem h,x-Diagramm dargestellt, wobei sich die Darstellung auf typische Prozessbedingungen eines mit dem Kältemittel CO_2 betriebenen Kondensationswäschetrockners bezieht [48].

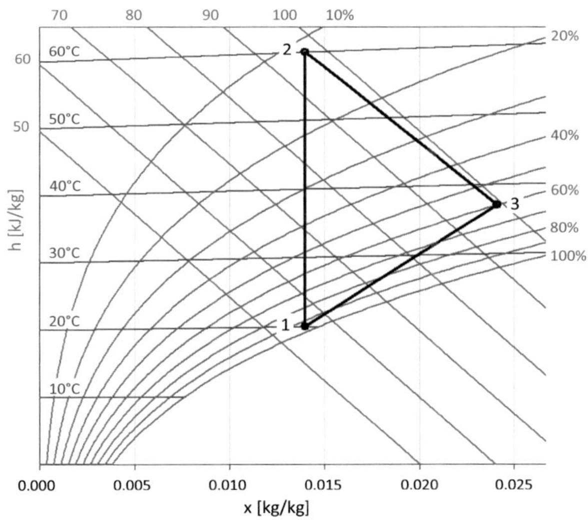

Abbildung 6.2: Innerhalb des Trocknungsprozesses auftretende Zustandsänderungen der feuchten Luft

Die für die drei dargestellten Eckpunkte des Prozesses verwendeten Werte der Temperatur sowie der relativen Feuchte φ, des Dampfgehalts x und der Enthalpie h sind in Tabelle 6.1 zusammengestellt.

	ϑ [°C]	φ [%]	x [kg/kg]	h [kJ/kg]
1	20	94.11	0.0140	55.73
2	60	11.04	0.0140	96.94
3	37	59.26	0.0241	99.17

Tabelle 6.1: Daten der im konventionellen Trocknungsprozess auftretenden Eckpunkte

6.1.2 Integration der thermoelektrische Wärmepumpe in einen Kondensationswäschetrockner

Die notwendige Erwärmung und Abkühlung der im Kondensationswäschetrockner zirkulierenden Prozessluft erfolgt in einem herkömmlichen Wärmepumpenprozess in den Kreislaufkomponenten Verdampfer und Kondensator. Diese Bauteile können durch die thermoelektrische Luft-Luft-Wärmepumpe (vgl. Kapitel 4) ersetzt werden, wodurch der entstehende Prozess zusätzlich auch ohne die Komponenten Verdichter und Expansionsventil auskommt, wie es in Abbildung 6.3 dargestellt ist.

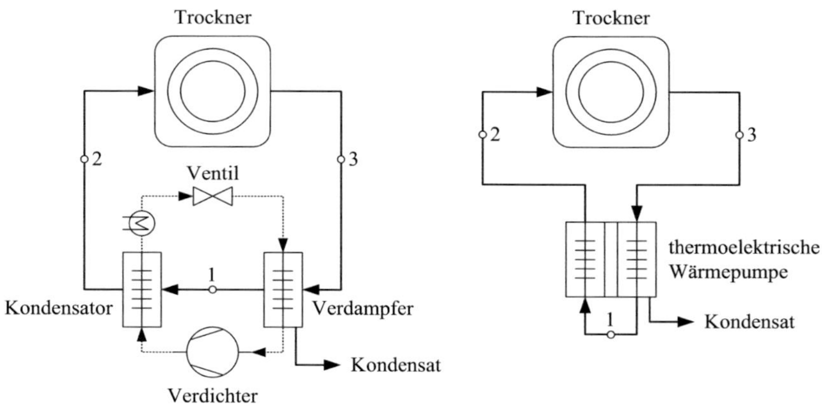

Abbildung 6.3: Vergleich des Aufbaus einer konventionellen und einer thermoelektrischen Wärmepumpe [50]

Nach Simulationen mit einem entsprechenden thermoelektrischen System wurde allerdings ersichtlich, dass die Substituierung einer konventionellen Wärmepumpe durch eine einfache thermoelektrische Wärmepumpe nicht möglich ist. Die thermoelektrische Wärmepumpe war nicht in der Lage, die am Punkt 1 und 2 notwendigen Temperaturbedingungen $\vartheta_1 = 20°C$ und $\vartheta_2 = 60°C$ unter Einsatzes einer konkurrenzfähigen elektrischen Leistung zu erreichen, so dass dieses Systemkonzept verworfen werden musste.

Um zu gewährleisten, dass die thermoelektrische Wärmepumpe die notwendigen Randbedingungen unter Einsatz einer elektrischen Leistung erfüllt, wie sie in einem konventionellen Trocknersystem zum Einsatz kommt, wurde das thermoelektrische System mit einem internen Wärmeübertrager kombiniert. Während des Trocknungsprozesses fand in diesem Wärmeübertrager die Rekuperation der in der zirkulierenden Prozessluft enthaltenen Wärmeenergie statt, wodurch die von der thermoelektrischen

Wärmepumpe zu erbringende Heiz- ($1 \rightarrow 2$) und Kälteleistung ($3 \rightarrow 1$) reduziert werden konnte.

Die Substitution der konventionellen Wärmepumpe eines herkömmlichen Wäschetrockners durch die thermoelektrische Wärmepumpe mit internem Wärmeübertrager führt zu der in Abbildung 6.4 dargestellten Verschaltung der Bauteile und dem folgenden Trocknungsprozess:

Die warme, trockene Luft (2) durchströmt die Trocknertrommel, wo sie Feuchtigkeit aufnimmt und die Trommel als feuchte Luft auf mittlerem Temperaturniveau (3) verlässt. Sie strömt nun durch den internen Wärmeübertrager (IHX), wo sie Wärme an den aus der thermoelektrischen Wärmepumpe kommenden Luftstrom abgibt. Nach Verlassen des internen Wärmeübertragers (3a) tritt sie in die thermoelektrische Wärmepumpe ein und wird dort bis auf eine Temperatur unterhalb der Taupunktstemperatur abgekühlt. Nachdem das bei der Abkühlung ausgefallene Wasser abgezogen wurde (1a), strömt die kalte, trockene Luft durch den internen Wärmeübertrager, wobei sie Wärme von dem aus der Trocknertrommel kommenden Luftstrom aufnimmt. Im Anschluß daran tritt die trockene Luft auf mittlerem Temperaturniveau (1) erneut in die thermoelektrische Wärmepumpe ein, wo sie auf eine bestimmte Temperatur erwärmt wird (2).

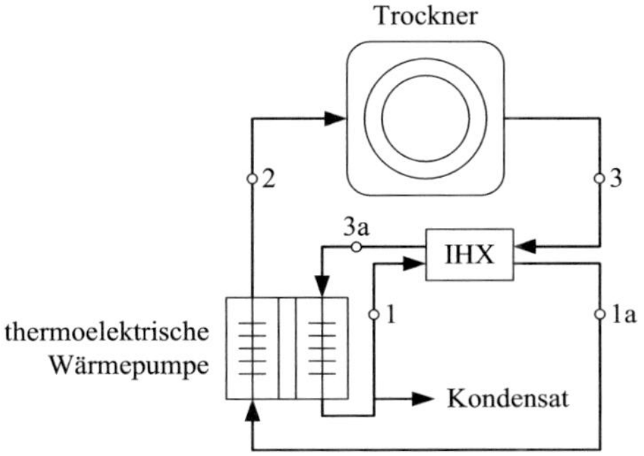

Abbildung 6.4: Verschaltung der Bauteile des innovativen thermoelektrischen Wärmepumpensystems

Um dieses innovative thermoelektrische Wärmepumpensystem mit einer konventionellen, kältemittelbetriebenen Wärmepumpe vergleichen zu können, wurden Betriebsbedingungen ausgewählt, wie sie in einem typischen Wäschetrocknungsprozess zu finden sind [48]. Die Kombination der thermoelektrischen Wärmepumpe mit dem internen Wärmeübertrager machte jedoch die Anpassung der Randbedingungen an den neuen Systemaufbau notwendig, so dass die Betriebsbedingungen des internen Wärmeübertragers sowie die Effizienz desselben definiert werden mussten.

Unter der Annahme, dass der interne Wärmeübertrager eine Effizienz von $\eta_{IHX} = 0.82$ aufweist, wurden die Eintrittstemperaturen des warmen und kalten Luftstroms auf $37°C$ und $33°C$ gesetzt. Die charakteristischen Parameter der fünf verwendeten Zustandspunkte sind in Tabelle 6.2 zusammengestellt.

	ϑ $[°C]$	φ $[\%]$	x $[kg/kg]$	h $[kJ/kg]$
1	20	94.11	0.0140	55.73
1a	33	43.72	0.0140	69.20
2	60	11.04	0.0140	96.94
3	37	59.26	0.0241	99.17
3a	27	100.00	0.0230	85.98

Tabelle 6.2: Daten der im innovativen Trocknungsprozess auftretenden Eckpunkte

In Abbildung 6.5 ist der Prozess in einem h,x-Diagramm dargestellt, wobei die im internen Wärmeübertrager ausgetauschte Wärmemenge durch die Enthalpieänderung zwischen den Zustandspunkten 3 und 3a bzw. 1 und 1a dargestellt wird, während die von der thermoelektrischen Wärmepumpe bereitgestellte Heiz- und Kälteleistung den Enthalpiedifferenzen 1a - 2 und 3a - 1 entspricht.

6.1.3 Durchführung der Simulation und Ergebnisse

Unter der Annahme, dass innerhalb der thermoelektrischen Module bestmögliche Lötverbindungen realisiert werden konnten, wurde der thermische und elektrische Kontaktwiderstand gemäß entsprechender Literaturangaben [31] auf $R_{Ko,th} = 9.316 \cdot 10^{-9} m^2 W/K$ und $R_{Ko,el} = 2.625 \cdot 10^{-12} \Omega m^2$ gesetzt. Für das Halbleitermaterial wurden die temperaturabhängigen Materialparameter einer hocheffizienten p-dotierten Wismuttellurid-Verbindung [2] eingesetzt und unter der Annahme, dass ein n-dotiertes Material mit ähnlichen Eigenschaften existiert, sowohl für den n- als auch den p-dotierten Halbleiterschenkel verwendet. Als geometrische Abmessungen kamen eine Schenkellänge von L = 2 mm und eine Querschnittsfläche A = 2.96 mm^2 zum Einsatz, welche sich in einer entsprechenden Evaluation bezüglich der Moduleffizienz für die betrachteten Betriebsbedingungen als besonders günstig erwiesen.

Neben diesen Annahmen wurde davon ausgegangen, dass die eingesetzte Wärmeleitpaste als hinreichend guter elektrischer Isolator fungieren kann, weswegen die Simulationen ohne eine keramische Isolationsschicht ausgeführt wurden. Entsprechend der Tatsache, dass im realen Trocknungsprozess Luft mit unterschiedlichem Feuchtigkeitsgehalt auftritt, wurden die im Simulationsmodell verwendeten Gaszellen durch Feuchte-Luft-Zellen ersetzt, welche über die charakteristischen Eigenschaften der feuchten Luft

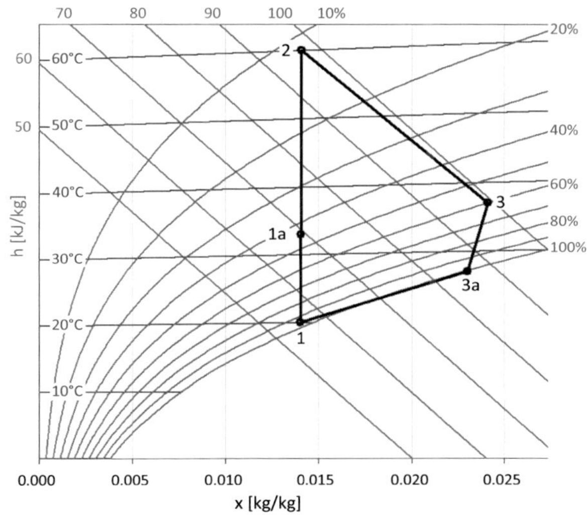

Abbildung 6.5: Innerhalb des innovativen Trocknungsprozesses auftretende Zustandsänderungen der feuchten Luft

verfügen und die im Trocknungsprozess auftretenden Zustandsänderungen abbilden können [53].

Alle anderen Simulationsparameter wurden so beibehalten, wie sie bei der Validierung des Modells anhand der Messdaten identifiziert werden konnten. Die Bauteile der thermoelektrischen Wärmepumpe wurden so angeordnet, dass sie von den eintretenden Luftströmen im Kreuzstrom durchströmt wurden.

Um das innovative thermoelektrische Wärmepumpensystem mit einer konventionellen Wärmepumpe vergleichen zu können, musste das Simulationsmodell entsprechend hochskaliert werden. Um den Faktor für die anstehende Vergrößerung zu ermitteln, wurde die Simulation für einen Luftvolumenstrom von $\dot{v} = 6.65 l/s$ ausgeführt, bei welchem gewährleistet werden konnte, dass der warme Luftstrom entsprechend der gewählten Betriebsbedingungen von $27°C$ auf $20°C$ abgekühlt und der kalte Luftstrom von $33°C$ auf $60°C$ erwärmt wurde. Die Simulation ließ erkennen, dass das Modell um den Faktor 60 hochskaliert werden muß, damit die erforderliche Heizleistung durch das thermoelektrische System bereitgestellt werden kann. Dabei wurde die benötigte Heizleistung unter Verwendung der folgenden Beziehung berechnet

$$\dot{Q}_{TE} = \dot{Q}_{KWP} - \dot{Q}_{IHX} = \dot{v}_{Luft} \cdot \rho_{Luft} \cdot (h_2 - h_{1a}). \tag{6.1}$$

Unter Berücksichtigung der gängigen Abmessungen eines handelsüblichen Wäschetrockners (Länge = 595 mm, Höhe = 850 mm, Tiefe = 635 mm) wurden die Abmessungen der thermoelektrischen Wärmepumpe so gewählt, dass eine Integration in ein bestehendes System problemlos möglich ist. In Abbildung 6.6 ist die schematische Darstellung der vergrößerten Wärmepumpe mit den exemplarischen Abmessungen von 570 mm * 400 mm * 80 mm zu sehen.

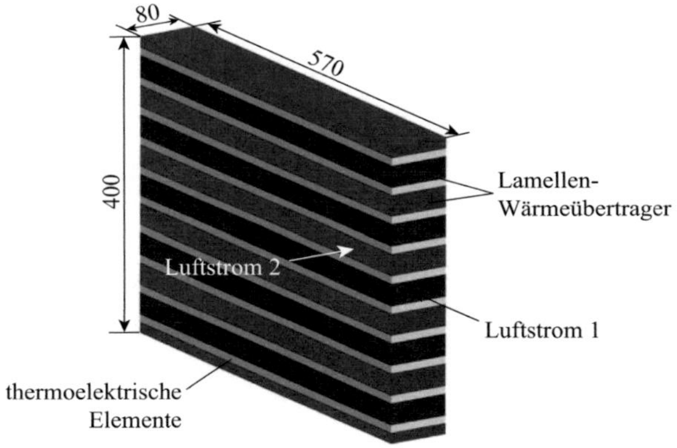

Abbildung 6.6: Darstellung der vergrößerten thermoelektrischen Wärmepumpe mit exemplarischen Abmessungen

Um die Anwendbarkeit des thermoelektrischen Systems hinsichtlich des Einsatzes in Kondensationswäschetrocknern zu beurteilen, wurde es in drei Betriebsszenarien mit einem konventionellen System verglichen, wobei die betrachteten Betriebsbedingungen und Vergleichswerte der kältemittelbetriebenen Wärmepumpe aus geeigneter Literatur entnommen wurden [48].

Die verwendeten Bedingungen sowie die Simulationsergebnisse und der Vergleich der beiden Wärmepumpensysteme sind in Tabelle 6.3 zusammengefasst. Dabei handelt es sich bei den erwähnten Parametern um die Masse der zu trocknenden Kleidung, die entzogenen Wassermenge, die Trocknungsrate TR, die benötigten Heizleistung, die für den Betrieb der Wärmepumpe bereitgestellte elektrische Energie sowie die für den Betrieb der übrigen Trocknerkomponenten (Trommelmotor, Gebläse) eingesetzte Energie.

Für das thermoelektrische System setzt sich die erzielte Heizleistung gemäß Gleichung 6.1 aus dem Anteil der durch die Wärmepumpe erbrachten Leistung und dem im internen Wärmeübertrager rekuperierten Wärmestrom zusammen.

Die Effizienz der eingesetzten Wärmepumpensysteme wird über den spezifischen Energieverbrauch (SEC) beurteilt, welcher über das Verhältnis der eingesetzten Gesamtenergie zur erzielten Trocknungsrate definiert ist.

$$SEC = \frac{P_{el} + P_{Komp}}{TR} \tag{6.2}$$

Anhand der Tabelle ist zu erkennen, dass das konventionelle Wärmepumpensystem dem thermoelektrischen System bezüglich der eingesetzten elektrischen Energie leicht überlegen ist und daher bessere Werte für den SEC erreicht als das innovative thermoelektrische Wärmepumpensystem. Der Vergleich des spezifischen Energieverbrauchs zeigt jedoch, dass die thermoelektrische Wärmepumpe in Kombination mit dem internen Wärmeübertrager durchaus eine Alternative zum herkömmlichen System darstellt. In Abhängigkeit von der Menge der zu trocknenden Kleidung und der vorausgesetzten Trocknungsrate liegt die im thermoelektrischen System benötigte Energie nur um 15 bis maximal 25 Prozent über dem Energieverbrauch der Kompressionswärmepumpe. Speziell für Betriebsbedingungen, welche eine mittlere Trocknungsrate und eine große Menge an zu trocknender Kleidung umfassen und dementsprechend zu einem hohen Energiebedarf des Trommelmotors führen, kann sich das thermoelektrische Wärmepumpensystem gut gegen das konventionelle System behaupten.

		WP 1	TE 1	WP 2	TE 2	WP 3	TE 3
$m_{Kleidung}$	[kg]	7.02	7.02	8.01	8.01	9.01	9.01
m_{Wasser}	[kg]	4.7	4.7	5.6	5.6	6.3	6.3
TR	$\left[\frac{kg_{Wasser}}{h}\right]$	10.3	10.3	11.3	11.3	10.9	10.9
$\dot{Q}_{IHX}$	[kW]	-	4.90	-	5.37	-	5.28
$\dot{Q}_{TE}$	[kW]	-	10.17	-	11.17	-	10.98
$\dot{Q}$	[kW]	15.07	15.07	16.54	16.54	16.26	16.26
P_{el}	[kW]	2.24	2.88	2.24	3.16	2.57	3.11
P_{Komp}	[kW]	0.40	0.40	0.45	0.45	0.52	0.52
SEC	$\left[\frac{kWh}{kg_{Wasser}}\right]$	0.26	0.32	0.24	0.32	0.28	0.33

Tabelle 6.3: Randbedingungen der betrachteten Betriebspunkte und Vergleich der konventionellen Wärmepumpe (WP) mit dem thermoelektrischen System (TE) hinsichtlich des spezifischen Energieverbrauchs (SEC)

Um das in den Lamellen-Wärmeübertragern auftretende Temperaturprofil der eingesetzten Luftströme zu identifizieren, wurde sowohl für die Wärmeübertrager in Kontakt mit der kalten Seite der thermoelektrischen Elemente als auch für die Wärmeübertrager an der warmen Seite der Elemente eine entsprechende Simulation durchgeführt. Das Ergebnis der Berechnungen ist in Abbildung 6.7 aufgeführt, wobei die Grafik die auftretende Temperaturverteilung des zu kühlenden (a) und des zu erwärmenden (b) Luftstroms darstellt.

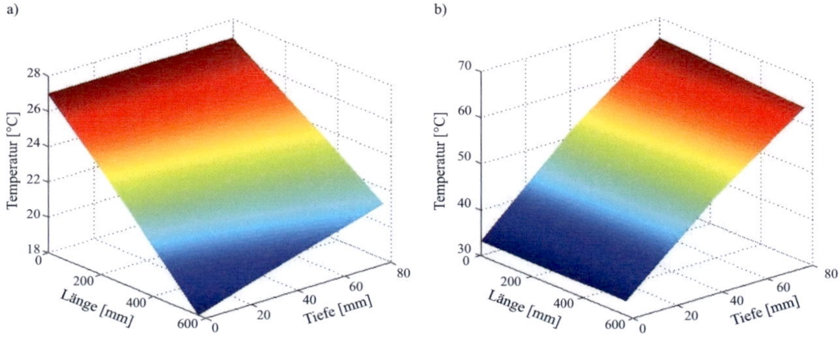

Abbildung 6.7: Darstellung der in den Lamellen-Wärmeübertragern auftretende Temperaturverteilung des zu kühlenden (a) und des zu erwärmenden (b) Luftstroms

Aufgrund der Tatsache, dass die thermoelektrische Wärmepumpe im Kreuzstrom betrieben wird, tritt keine gleichmäßige Temperaturverteilung auf. Dies bedeutet, dass die im Luftstrom zu verzeichnende Austrittstemperatur abhängig von der betrachteten Position im Wärmeübertrager ist. Während die Eintrittsbedingung für den zu kühlenden Luftstrom konstant bei $27°C$ liegt, variiert die Auslasstemperatur im Bereich von $18°C$ bis $21.1°C$ und resultiert in einer mittleren Austrittstemperatur von $19.6°C$. Die Austrittstemperaturen des zu erwärmenden Luftstroms liegen zwischen $63.5°C$ und $65.7°C$, wodurch es bei einer konstanten Temperatur von $33°C$ am Lufteintritt zu einer mittleren Auslasstemperatur von $64.6°C$ kommt.

Anhand dieser Ergebnisse ist zu erkennen, dass das innovative thermoelektrische Wärmepumpensystem in der Lage ist, unter Randbedingungen zu arbeiten, wie sie in einem typischen Trocknungsprozess vorliegen und daher für den Anwendungsbereich der Kondensationswäschetrockner eine effiziente Alternative zu konventionellen, kältemittelbetriebenen Wärmepumpen darstellt.

6.2 Einsatz des thermoelektrischen Generators

Das wachsende Umweltbewusstsein der Gesellschaft bezüglich der Begrenztheit fossiler Energiequellen und die im Zuge dessen verstärkte Nachfrage nach Strom aus erneuerbaren Energien hat zu einer stetigen Zunahme der Anzahl an Windkraft- und Solaranlagen, Wasserkraftwerken sowie Biogasanlagen geführt. Während die ersten drei der genannten Anlagen nur elektrische Energie erzeugen, fällt in einer Biogasanlage neben der elektrischen auch eine große Menge thermischer Energie an.

Da das Erneuerbare-Energien-Gesetz der Bundesrepublik Deutschland [54] nur das Einspeisen des regenerativ erzeugten Stroms und die dafür entsprechende Vergütung regelt, findet die thermische Energie nur insofern Beachtung, als dass sie teilweise für die Beheizung von Ställen und Gärbehältern oder für die Holztrocknung verwendet wird [55, 56]. Dementsprechend ist die Umwandlung der thermischen Energie in elektrische Energie für die Anlagenbetreiber von großem Interesse und führte in jüngster Vergangenheit zu intensiven Diskussionen über den Einsatz von dafür geeigneten Systemen, wie z.B. Organic-Rankine-Prozessen oder Stirling-Motoren [57].

Thermoelektrischen Generatorsystemen wurde im Zuge dieser Entwicklung nur wenig Bedeutung beigemessen, da das handelsübliche Halbleitermaterial Wismuttellurid aufgrund seiner geringen Temperaturfestigkeit nicht geeignet ist, um die im Abgas des Verbrennungsmotors bei hohen Temperaturen anfallende thermische Energie direkt in elektrische Energie umzuwandeln [57]. Durch die Verwendung geeigneter, temperaturfester Materialien und segmentierter Halbleiterschenkel lässt sich die Anpassung eines thermoelektrischen Systems an die vorherrschenden Temperaturbedingungen jedoch verwirklichen, so dass die Erhöhung des Gesamtwirkungsgrads der Anlage durch den Einsatz eines thermoelektrischen Generators durchaus möglich erscheint.

6.2.1 Stand der Technik von Biogasanlagen

Die Erzeugung von elektrischer und thermischer Energie aus Biomasse erfolgt in mehreren Prozessschritten, welche anhand der in Abbildung 6.8 schematisch dargestellten Biogasanlage nachvollzogen werden können.

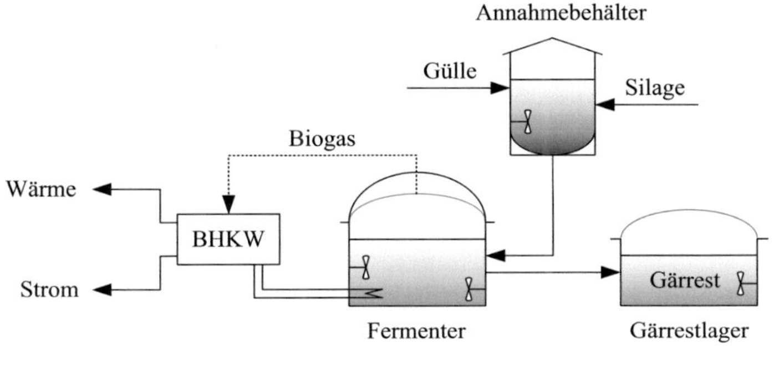

Abbildung 6.8: Schematische Darstellung einer gebräuchlichen Biogasanlage [58]

Die Substrate, vorwiegend Gülle oder Silage, werden in einem so genannten Annahmebehälter angemischt und das Gemisch in den Fermenter eingebracht. Die Fermentation der Biomasse durch die im Fermenter befindlichen Mikroorganismen findet in einem Milieu mit definiertem Temperaturbereich (30 - 40°C) statt, wobei sich das entstehende Biogas in dem Gasraum oberhalb des Substratspiegels ansammelt. Nach der biologischen Entschwefelung des Gases, welche innerhalb des Gasraums erfolgt, wird das Gas dem Block-Heiz-Kraft-Werk (BHKW) und der zurückbleibende Gärrest dem Gärrestlager zugeführt. In dem BHKW wird das bereitgestellte Biogas verbrannt und über den an den Motor angekoppelten Generator in elektrische Energie umgewandelt, welche üblicherweise in das örtliche Stromnetz eingespeist wird.

Die bei der Verbrennung anfallende thermische Energie kann über ein Sekundärmedium abgeführt werden, wobei es sich bei diesem in der Regel um die Kühlflüssigkeit des Motors handelt. Eine Möglichkeit für die Rekuperation der Motorabwärme und der im Abgas enthaltenen thermischen Energie ist in Abbildung 6.9 schematisch dargestellt.

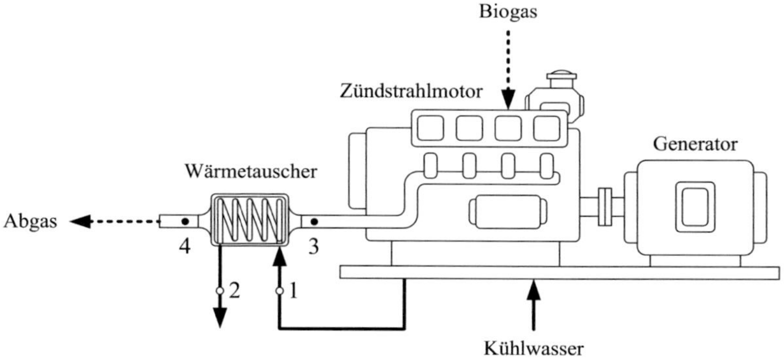

Abbildung 6.9: Rekuperation der Motorabwärme und der im Abgas enthaltenen thermischen Energie unter Verwendung der Motorkühlflüssigkeit

In der Abbildung ist zu erkennen, dass die Kühlflüssigkeit nach Durchlaufen des Zündstrahlmotors, wo sie die anfallende Motorabwärme aufnimmt und die Überhitzung des Motors verhindert, in einen nachgeschalteten Wärmeübertrager eintritt. Das während des Verbrennungsvorgangs entstehende Abgas wird ebenfalls diesem Wärmeübertrager zugeführt und es kommt zum Wärmeaustausch zwischen den beiden Fluiden, wobei sich die Abgastemperatur verringert und die Temperatur der Kühlflüssigkeit dementsprechend erhöht.

Laut Herstellerangaben [59] treten am Ein- und Austritt des so genannten Abgas-Wärmeübertragers die in Tabelle 6.4 angeführten Temperaturen und Massenströme auf, wobei die Temperaturen über die in Klammern stehende Zahl der entsprechenden Position in der Grafik zugeordnet werden können.

Die bei diesen Bedingungen aus dem Abgas an die Kühlflüssigkeit übertragene Wärmeleistung liegt bei 125 kW und kann z.B. über Sekundärkreisläufe zur Beheizung von

	Kühlwasser	Abgas
ϑ_{ein} $[°C]$	80 *(1)*	520 *(3)*
ϑ_{aus} $[°C]$	90 *(2)*	180 *(4)*
$\dot{m}$ $[kg/s]$	3.69	0.35

Tabelle 6.4: Herstellerangaben bzgl. der am Abgas-Wärmeübertrager herrschenden Ein- und Austrittstemperaturen sowie der eingesetzten Massenströme

Ställen, Wohnungen, etc. verwendet werden. Des Weiteren werden Stirlingprozesse als Möglichkeiten zur exergetischen Abwärmenutzung diskutiert, oder auch der Einsatz von Organic-Rankine-Prozessen in Erwägung gezogen, welche den Wirkungsgrad von Biogas-Wärme-Kraft-Kopplungsanlagen verbessern können [57].

6.2.2 Einbindung des thermoelektrischen Generators in eine Biogasanlage

Um die im Abgas enthaltene thermische Energie mittels eines thermoelektrischen Generators in elektrische Energie umzuwandeln, bietet es sich an, den bereits vorhandenen Abgas-Wärmetauscher durch ein entsprechendes Generatorsystem zu ersetzen. In diesem Generator stehen die thermoelektrischen Generatormodule in direktem Kontakt mit Lamellen- und Flachrohr-Wärmeübertragern, so dass das heiße Abgas als Wärmequelle und die Kühlflüssigkeit als Wärmesenke agieren, wodurch den Modulen eine entsprechende Temperaturdifferenz aufgeprägt wird.

Damit das thermoelektrische System an die vorherrschenden Temperaturbedingungen angepasst werden kann, wird der Generator in drei Temperaturzonen eingeteilt, in welchen die eingesetzten Halbleitermaterialien unabhängig voneinander ausgewählt und optimiert werden können. Eine schematische Darstellung dieses mehrteiligen Generatorsystems ist in Abbildung 6.10 zu sehen.

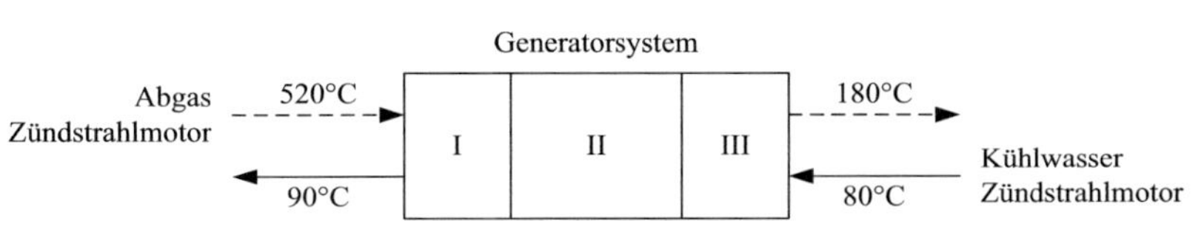

Abbildung 6.10: Schematische Darstellung des mehrteiligen Generatorsystems

Durch die Unterteilung des Generatorsystems entsteht ein Hochtemperaturbereich (I: 520 - 427$°C$) sowie je ein Bereich mit moderaten (II: 427 - 257$°C$) und niedrigen

(III: 257 - 180°C) Temperaturen, für die jeweils geeignete thermoelektrische Materialien identifiziert werden müssen. Um diesbezüglich verschiedene Möglichkeiten aufzuzeigen, werden drei unterschiedliche Generatorsysteme betrachtet, wobei die für die Durchführung der Simulationen notwendigen temperaturabhängigen Materialparameter aus der bereits erwähnten Materialbibliothek [21] stammen:

- System 1: Verwendung unsegmentierte Schenkel, bestehend aus gängigen Halbleitermaterialien
- System 2: Verwendung segmentierter und unsegmentierter Schenkel, bestehend aus gängigen Halbleitermaterialien
- System 3: Verwendung segmentierter und unsegmentierter Schenkel, zum Teil bestehend aus neuen Halbleitermaterialien

Um sicherzustellen, dass die im System 2 und 3 verwendeten Materialien miteinander kompatibel sind, wurde auf in entsprechenden Veröffentlichungen beschriebene, geeignete Materialkombinationen zurückgegriffen [60]. Die innerhalb der jeweiligen Systeme für die einzelnen Temperaturbereiche eingesetzten Materialien bzw. Materialkombinationen sind in Tabelle 6.5 zusammengestellt, wobei in den Simulationen davon ausgegangen wurde, dass sowohl für den n-Leiter als auch für den p-Leiter Materialien mit gleich guten Eigenschaften zur Verfügung stehen.

Temperaturbereich	System 1	System 2	System 3
I: 520 - 427°C	$PbTe$	$PbTe/Bi_2Te_3$	$CeFe_4Sb_{12}/Zn_4Sb_3/Bi_2Te_3$
II: 427 - 257°C	$PbTe$	$PbTe/Bi_2Te_3$	Zn_4Sb_3/Bi_2Te_3
III: 257 - 180°C	Bi_2Te_3	Bi_2Te_3	Bi_2Te_3

Tabelle 6.5: Zusammenstellung der in den jeweiligen Systemen und den einzelnen Temperaturbereichen eingesetzten Materialien bzw. Materialkombinationen

Aus der Tabelle ist zu entnehmen, dass die in System 1 verwendeten Halbleiterschenkel sowohl für den Hochtemperaturbereich als auch für den Bereich moderater Temperaturen aus Bleitellurid ($PbTe$) bestehen, während für den Niedrigtemperaturbereich Wismuttellurid (Bi_2Te_3) verwendet wurde. In System 2 kam die Materialkombination Bleitellurid/Wismuttellurid für die Temperaturbereiche I und II zum Einsatz, in Temperaturbereich III wurde hingegen erneut auf Wismuttellurid zurückgegriffen. Innerhalb des Generatorsystems 3 wurden neben dem handelsüblichen Wismuttellurid auch eine Seltenerdverbindung ($CeFe_4Sb_{12}$) und Zinkantimonid (Zn_4Sb_3) verwendet, wobei die im Hochtemperaturbereich eingesetzten Halbleiterschenkel aus allen drei Materialien bestehen, während in den Temperaturbereichen II und III die Materialkombination Zinkantimonid/Wismuttellurid bzw. ausschließlich Wismuttellurid verwendet wurde.

6.2.3 Durchführung der Simulation und Ergebnisse

Um die drei thermoelektrischen Generatorsysteme miteinander vergleichen und Aussagen über ihre Effizienz treffen zu können, werden die Systeme mit Hilfe der Simulation in den Abgasstrang einer Referenzanlage integriert, welche dem in Abbildung 6.8 dargestellten Anlagenaufbau entspricht [61]. Entgegen der Anlagendarstellung werden in der Referenzanlage insgesamt drei Block-Heiz-Kraft-Werke mit dem gewonnenen Biogas betrieben, wobei in jedem BHKW ein Zündstrahlmotor mit einer elektrischen Leistung von 250 kW zum Einsatz kommt [62].

Analog zur Anwendung der thermoelektrischen Wärmepumpe wurden auch hier die Simulationen unter der Annahme durchgeführt, dass innerhalb der thermoelektrischen Module bestmögliche Lötverbindungen realisiert werden konnten und der thermische und elektrische Kontaktwiderstand ebenfalls auf $R_{Ko,th} = 9.316 \cdot 10^{-9} m^2 W/K$ und $R_{Ko,el} = 2.625 \cdot 10^{-12} \Omega m^2$ gesetzt. Für den thermischen und elektrischen Widerstand der zwischen den Segmenten auftretenden Zwischenschicht wurde auf Literaturangaben zurückgegriffen [17] und dementsprechend kamen die Werte $R_{IF,th} = 11.0 \cdot 10^{-10}$ $m^2 W/K$ und $R_{IF,el} = 8.0 \cdot 10^{-10}$ Ωm^2 zur Anwendung. Die geometrischen Abmessungen der Halbleiterschenkelpellets wurden in jedem System für jeden einzelnen Temperaturbereich individuell bestimmt, so dass eine optimale Anpassung des jeweiligen thermoelektrischen Systems an die vorgegebenen Randbedingungen erfolgte.

Neben diesen Annahmen wurde auch in diesen Simulationen davon ausgegangen, dass die eingesetzte Wärmeleitpaste als hinreichend guter elektrischer Isolator fungieren kann, weswegen auf die Verwendung einer keramischen Isolationsschicht verzichtet wurde. Alle anderen notwendigen Simulationsparameter ergaben sich durch die vom Hersteller gelieferten Angaben oder entsprachen den bei der Validierung des Modells anhand der Messdaten identifizierten Werten. Aufgrund der Tatsache, dass an einem thermoelektrischen Generatormodul die maximal erzielbare elektrische Leistung auftritt, wenn der anliegende Lastwiderstand dem Innenwiderstand des Moduls entspricht, wurden die Simulationen unter der Bedingung $R_{Last} = R_{Innen}$ durchgeführt.

Um das Potential der einzelnen thermoelektrischen Generatorsysteme abschätzen zu können, wurden erste Simulationen in Bezug auf ein einzelnes thermoelektrisches Modul durchgeführt, welches aus 127 Halbleiterpaaren bestand und entsprechende Abmessungen aufwies. In den Simulationen wurden dem thermoelektrischen Generatormodul die in den jeweiligen Temperaturbereichen auftretenden Temperaturdifferenzen aufgeprägt und die daraus resultierenden Ergebnisse bezüglich der elektrischen Stromstärke, des zur Verfügung gestellten Wärmestroms sowie der erzielten elektrischen Leistung und des Wirkungsgrades aufgenommen. Auf Grundlage der in den einzelnen Bereichen im Mittel vorherrschenden Bedingungen wurde im Anschluß daran eine Hochskalierung der thermoelektrischen Generatorsysteme auf reale Abmessungen vorgenommen und die Gesamteffizienz dieser Großsysteme berechnet. Die unter diesen Annahmen und

Bedingungen erzielten Simulationsergebnisse werden im Folgenden dargestellt und diskutiert.

System 1: Unsegmentierte Schenkel, gängige Halbleitermaterialien

Die Durchführung der Simulation für das System aus unsegmentierten Halbleiterschenkeln, bestehend aus den gängigen Halbleitermaterialien Wismuttellurid bzw. Bleitellurid, erbrachte die in Tabelle 6.6 aufgeführten Ergebnisse. Dabei handelt es sich um die in den einzelnen Bereichen verwendeten Schenkelgeometrien, die vorherrschenden Temperaturen, die erzielten Stromstärken und Spannungen sowie die Wirkungsgrade (berechnet nach Gl. 2.23). Bei den zusammengestellten Daten ist zu beachten, dass es sich hierbei - wie bereits erwähnt - um die in den einzelnen Temperaturbereichen im Mittel vorherrschenden Bedingungen und resultierenden Leistungen bzw. Wirkungsgrade handelt.

	Bereich I $PbTe$	Bereich II $PbTe$	Bereich III Bi_2Te_3
ϑ_{Warm} $[°C]$	464.50	361.63	215.31
ϑ_{Kalt} $[°C]$	91.13	88.48	82.43
L $[mm]$	2.70	3.10	2.30
A $[mm^2]$	6.25	4.90	6.25
U $[V]$	10.92	8.06	2.88
I $[A]$	2.29	0.83	1.68
P_{el} $[W]$	25.04	6.71	4.85
$\dot{Q}_{Warm}$ $[W]$	293.52	136.32	111.40
η $[\%]$	8.53	4.92	4.35

Tabelle 6.6: Simulationsergebisse für das System mit unsegmentierten Halbleiterschenkeln bestehend aus gängigen thermoelektrischen Materialien

Anhand der Tabelle ist deutlich zu erkennen, dass in den drei Temperaturbereichen jeweils unterschiedliche Abmessungen der Schenkellänge und -querschnittsfläche auftreten und somit die Unterteilung des thermoelektrischen Generatorsystems samt unabhängiger Anpassung an die vorherrschenden Randbedingungen unerlässlich ist. Entsprechend der an der warmen und kalten Seite des Halbleiterschenkels anliegenden Temperaturdifferenz, welche aufgrund der berücksichtigten Wärmeleitwiderstände kleiner ist als die Absolutdifferenz zwischen den beiden Fluidtemperaturen, treten in den drei Bereichen jeweils unterschiedliche Spannungen und Stromstärken auf. Während sich bei der vom Modul erzielten Spannung eine Abnahme der Werte mit sinkender

Temperaturdifferenz verzeichnen lässt, ist bei der auftretenden Stromstärke kein eindeutiger Trend erkennbar.

Die erzielte elektrische Leistung P_{el} und der auf der warmen Seite des Moduls aufgenommene Wärmestrom $\dot{Q}_{Warm}$ zeigen erwartungsgemäß ebenfalls eine Abnahme der Werte mit sinkender Temperaturdifferenz, wobei die in den Temperaturbereichen II und III erzielten Ergebnisse nur geringfügig voneinander abweichen. Dies spiegelt sich auch in den resultierenden Wirkungsgraden wider, so dass der Wirkungsgrad des aus Bleitellurid bestehenden Generatormoduls nur 0.6 Prozentpunkte über dem des Wismuttellurid-Moduls liegt. Anhand der Ergebnisse ist somit deutlich zu erkennen, dass die Anpassung des Generatorsystems durch unsegmentierte Materialien in manchen Temperaturbereichen nur bedingt möglich und in diesen Bereichen ein entsprechendes Potential zur Optimierung des thermoelektrischen Systems vorhanden ist.

Um in dem thermoelektrischen Generatorsystem die in dem herkömmlichen Abgas-Wärmetauscher durchgesetzten Massenströme realisieren zu können, ist eine entsprechende Vergrößerung des Systems auf die Abmessungen 1.23 m * 0.25 m * 0.21 m (Länge * Breite * Höhe) notwendig.

Der in den einzelnen Temperaturbereichen vom Abgas zur Verfügung gestellte Wärmestrom wird durch den Abgasmassenstrom, die Wärmekapazität und die Gaseintritts- bzw. -austrittstemperatur bestimmt und kann dementsprechend über die Gleichung

$$\dot{Q}_{Abgas} = \dot{m}_{Abgas} \cdot c_{p,Abgas} \cdot (T_{ein} - T_{aus}) \tag{6.3}$$

berechnet werden, wobei für die Abgas-Wärmekapazität näherungsweise die Wärmekapazität von Luft verwendet wurde.

Die in den Teilsystemen generierte elektrische Leistung P_{el} kann nun unter Einbeziehung der im Vorfeld ermittelten Wirkungsgrade η bestimmt werden, die Ergebnisse sind zusammen mit den vom Abgas zur Verfügung gestellten Wärmeströmen $\dot{Q}_{Abgas}$ in Tabelle 6.7 aufgeführt.

	Bereich I $PbTe$	Bereich II $PbTe$	Bereich III Bi_2Te_3
$\dot{Q}_{Abgas}$ $[kW]$	35.49	62.10	27.50
η [%]	8.53	4.92	4.35
P_{el} $[kW]$	3.03	3.06	1.19

Tabelle 6.7: Zusammenstellung der im Generatorsystem 1 in den einzelnen Temperaturbereichen erzielten elektrischen Leistung in Abhängigkeit vom Modulwirkungsgrad und der zur Verfügung gestellten thermischen Energie

Die Tabelle zeigt, dass sowohl im ersten als auch im zweiten Bereich eine elektrische Leistung von 3 kW erzielt werden kann, was im ersten Bereich auf den relativ hohen Wirkungsgrad des Generatorsystems und im zweiten Bereich auf die große Menge an zur Verfügung gestellter thermischer Energie zurückzuführen ist. Im dritten Generatorabschnitt kann aufgrund des relativ geringen Wärmestroms und der kleinen Moduleffizienz nur 1 kW der zur Verfügung gestellten thermischen Energie in elektrische Energie umgewandelt werden.

Der mit dem Gesamtsystem mögliche Zugewinn an elektrischer Energie beläuft sich somit auf 7.28 kW, weswegen sich der Gesamtwirkungsgrad des thermoelektrischen Generatorsystems, unter Einbeziehung des vom Abgas bereitgestellten Gesamtwärmestroms von 125 kW, dementsprechend zu 5.82 Prozent ergibt.

Da das thermoelektrische Generatorsystem einen Teil der im Abgas zur Verfügung gestellten Abwärme in elektrische Leistung umwandelt, steht für die Aufheizung des Kühlmittels nicht mehr die volle thermische Energie bereit, weswegen die Austrittstemperatur der Kühlflüssigkeit nicht bei $90°C$, sondern bei nur $88.65°C$ liegt.

Dieser Temperaturunterschied kann jedoch durch Nutzung des den Generator bei $180°C$ verlassenden Abgasstroms und der darin enthaltenen thermischen Energie unter Verwendung eines zweiten, nachgeschalteten Abgas-Wärmetauschers ausgeglichen werden. So ist gewährleistet, dass bereits bestehende Systeme, wie z.B. zur Fermenterbeheizung oder Holztrocknung, auch weiterhin problemlos und ohne Verluste betrieben werden können und die von der Anlage erzeugte elektrische Energie durch den Einsatz des thermoelektrischen Generatorsystems um tatsächliche 7.28 kW gesteigert werden kann.

System 2: Teilweise segmentierte Schenkel, gängige Halbleitermaterialien

Für das zweite Generatorsystem, in welchem gängige thermoelektrische Materialien und segmentierte sowie unsegmentierte Halbleiterschenkel zum Einsatz kamen, wurden die in Tabelle 6.8 zusammengestellten Werte für die Schenkelgeometrien und die relative Stromdichte sowie die an den Halbleitersegmenten auftretenden Temperaturen ermittelt und für die weiteren Berechnungen verwendet.

Analog zum ersten Generatorsystem ist auch hier zu erkennen, dass die eingesetzten Schenkelgeometrien individuell an die vorherrschenden Randbedingungen anzupassen waren, um eine hohe Moduleffizienz zu erreichen. Für die Gewährleistung eines effizienten Systems musste zudem für die segmentierten Schenkel der Temperaturbereiche I und II die relative Stromdichte u ermittelt werden, bei welcher die Halbleitersegmente effizient thermische Energie in elektrische Energie umsetzen. Dabei wurde die in Kapitel 3.3 aufgeführte Vorgehensweise eingesetzt, um eine geeignete relative Stromdichte für die verwendete Materialkombination zu ermitteln.

	Bereich I	Bereich II	Bereich III
	$PbTe/Bi_2Te_3$	$PbTe/Bi_2Te_3$	Bi_2Te_3
L $[mm]$	1.90/2.05	1.90/1.95	2.30
A $[mm^2]$	5.50	5.50	6.25
u $[1/V]$	-3.55/-3.59	-3.69/-3.73	-
ϑ_{Warm} $[°C]$	470.75	340.63	215.31
ϑ_{IF} $[°C]$	276.76	216.33	-
ϑ_{Kalt} $[°C]$	86.17	85.78	82.43

Tabelle 6.8: Charakteristische Daten des Systems mit segmentierten und unsegmentierten Halbleiterschenkeln bestehend aus gängigen thermoelektrischen Materialien

Die Darstellung 6.11 zeigt die Auftragung des reduzierten Wirkungsgrades η_R über der relativen Stromdichte u für die in den Temperaturzonen I (Abbildung a) und II (Abbildung b) verwendeten Materialien Bleitellurid und Wismuttellurid, wobei die gestrichelte Linie die in der Simulation im Halbleiterschenkel auftretende relative Stromdichte kennzeichnet.

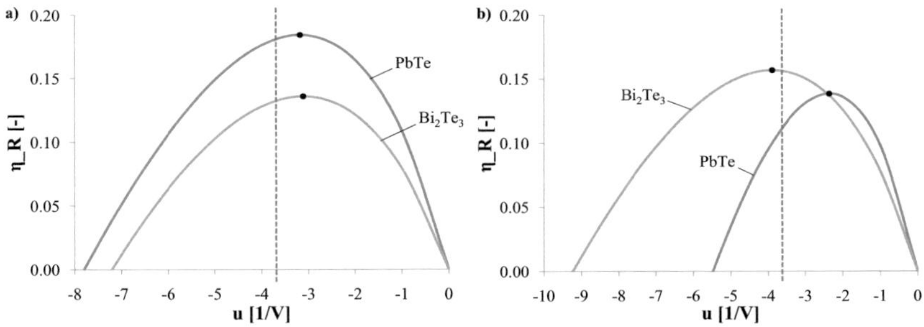

Abbildung 6.11: Auftragung des reduzierten Wirkungsgrades über der relativen Stromdichte für die in den Temperaturzonen I (Abbildung a) und II (Abbildung b) des Generatorsystems 2 verwendeten Halbleitermaterialien

Anhand der Abbildungen ist zu erkennen, dass die Kurvenverläufe für die definierten Temperaturbereiche aufgrund der an den Halbleitersegmenten auftretenden Temperaturen (vgl. Tabelle 6.8) deutliche Unterschiede aufweisen. Für den Bereich I kann ein sehr ähnlicher, nahezu paralleler Verlauf der beiden Kurven verzeichnet werden, deren maximal erreichbarer reduzierter Wirkungsgrad bei einer relativen Stromdichte vom Betrag 3.11 1/V bzw. 3.18 1/V auftritt. Das Maximum des Wirkungsgrades η_R beträgt im Falle des Bleitellurid-Segments 18.4% und liegt damit deutlich über dem Maximum des Wismuttellurid-Segments, welches 13.6% beträgt. Anhand der Kurvenverläufe ist ersichtlich, dass für die beiden gewählten Materialien die Ermittlung einer geeigneten relativen Stromdichte u problemlos möglich ist, welche in diesem Fall 3.5 1/V betrug. Die Effizienz des segmentierten Halbleiterschenkels liegt aufgrund der großen Unterschiede zwischen den beiden reduzierten Wirkungsgraden bei 16.5% und kann durch geeignetere Materialkombinationen voraussichtlich noch gesteigert werden.

Im Gegensatz zum parallelen Verlauf der für den Temperaturbereich I berechneten Kurven weist die Darstellung der reduzierten Wirkungsgrade in Abhängigkeit von der relativen Stromdichte für den Bereich II einen Kurvenschnittpunkt bei einem Betrag von u = -2.4 1/V auf. Des Weiteren ist zu erkennen, dass für Bleitellurid der maximal erreichbare reduzierte Wirkungsgrad von $\eta_R = 13.8\%$ bei einer relativen Stromdichte von u = -2.36 1/V auftritt, während das Maximum $\eta_R = 15.6\%$ des eingesetzten Wismuttellurids bei einem Betrag von u = -3.98 1/V zu verzeichnen ist. Dementsprechend wurde in der Simulation eine relative Stromdichte von -3.7 1/V verwendet, bei welcher für die beiden Materialien ein reduzierter Wirkungsgrad von 12.3 bzw. 15.2 Prozent erreicht wird, was in einen reduzierten Wirkungsgrad des segmentierten Schenkels von $\eta_R = 14.6\%$ resultiert.

Die unter diesen Umständen erzielten Ergebnisse für die anliegenden Spannungen und Stromstärken, U und I, sowie der aufgenommenen Wärmeströme $\dot{Q}_{Warm}$, der erzeugten elektrischen Leistungen P_{el} und der resultierenden Modulwirkungsgrade η sind in Tabelle 6.9 aufgeführt.

	Bereich I $PbTe/Bi_2Te_3$	Bereich II $PbTe/Bi_2Te_3$	Bereich III Bi_2Te_3
U $[V]$	8.34	6.36	2.88
I $[A]$	1.85	1.15	1.68
P_{el} $[W]$	15.49	7.32	4.85
$\dot{Q}_{Warm}$ $[W]$	180.19	119.69	111.40
η [%]	8.60	6.11	4.35

Tabelle 6.9: Simulationsergebnisse für das System mit segmentierten und unsegmentierten Halbleiterschenkeln bestehend aus gängigen thermoelektrischen Materialien

Aufgrund der identischen Schenkelgeometrien, des gleichbleibenden Halbleitermaterials und der unveränderten Randbedingungen werden im Temperaturbereich III dieselben Ergebnisse erzielt wie bereits im ersten betrachteten Generatorsystem. Da in den übrigen beiden Temperaturbereichen andere geometrische Verhältnisse und die Kombination zweier thermoelektrischer Materialien verwendet wurde, treten hier dementsprechend andere Werte für die tabellierten Größen auf, wobei jedoch auch hier die bereits am Generatorsystem 1 verzeichneten Trends in den Ergebnissen erkennbar sind.

So nimmt erneut die vom thermoelektrischen Generatormodul erzielte Spannung mit sinkender Temperaturdifferenz ab, während für die auftretende Stromstärke, deren Werte diesmal alle im Bereich von ein bis zwei Ampere liegen, wiederum kein eindeutiger Trend erkennbar ist. Hinsichtlich der erzielten elektrischen Leistung und des auf der warmen Seite des Moduls aufgenommenen Wärmestroms lässt sich ebenfalls eine Abnahme der Werte mit sinkenden Temperaturen verzeichnen. Dabei treten in diesem Generatorsystem jedoch deutliche Unterschiede zwischen den in den einzelnen Temperaturbereichen erreichten Leistungen auf, so dass auch die Modulwirkungsgrade zu geringen Temperaturdifferenzen hin abnehmen.

Der Vergleich zwischen den in Tabelle 6.6 und Tabelle 6.9 aufgeführten Werten der Modulwirkungsgrade zeigt, dass die Substitution des einfachen Bleitellurids durch die Bleitellurid-Wismuttellurid-Kombination für den ersten Temperaturbereich keine Auswirkungen hat und für den Wirkungsgrad durch die Segmentierung der Halbleiterschenkel keine Verbesserung erzielt werden kann. Im Gegensatz dazu führt der Ersatz des gängigen Halbleiters durch die Materialkombination im zweiten Temperaturbereich zu einer Steigerung des Wirkungsgrads um mehr als einen Prozentpunkt und somit zu einer Verbesserung auf 6.11%.

Für die Realisierung der in dem herkömmlichen Abgas-Wärmetauscher durchgesetzten Massenströme wird das thermoelektrische Generatorsystem 2 ebenfalls auf die Abmessungen 1.23 m * 0.25 m * 0.21 m (Länge * Breite * Höhe) vergrößert.

Im Anschluß daran kann die in den Teilsystemen generierte elektrische Leistung unter Verwendung der ermittelten Modulwirkungsgrade berechnet werden. In Tabelle 6.10 sind die vom Abgas zur Verfügung gestellten Wärmeströme $\dot{Q}_{Abgas}$ (berechnet nach Gl. 6.3), die im Vorfeld bereits berechneten Wirkungsgrade η und die von den Teilsystemen dementsprechend erzielte elektrische Leistung P_{el} angeführt.

	Bereich I $PbTe/Bi_2Te_3$	Bereich II $PbTe/Bi_2Te_3$	Bereich III Bi_2Te_3
$\dot{Q}_{Abgas}$ $[kW]$	35.49	62.10	27.50
η [%]	8.60	6.11	4.35
P_{el} $[kW]$	3.05	3.80	1.19

Tabelle 6.10: Zusammenstellung der im Generatorsystem 2 in den einzelnen Temperaturbereichen erzielten elektrischen Leistung in Abhängigkeit vom Modulwirkungsgrad und der zur Verfügung gestellten thermischen Energie

Die Tabelle lässt erkennen, dass im ersten und dritten Temperaturbereich aufgrund der nahezu identischen Wirkungsgrade annähernd dieselbe Menge an thermischer Energie in elektrische Leistung umgewandelt werden kann wie im ersten thermoelektrischen Generatorsystem. Im zweiten Temperaturbereich hingegen kann entsprechend des höheren Wirkungsgrades der eingesetzten Materialkombination mehr elektrische Energie erzeugt werden, so dass der mit dem Gesamtsystem mögliche Zugewinn an elektrischer Energie auf 8.05 kW ansteigt. Unter Berücksichtigung der im Abgas enthaltenen thermischen Energie von 125 kW kann der Gesamtwirkungsgrad des zweiten thermoelektrischen Generatorsystems somit zu $\eta = 6.43\%$ berechnet werden.

Für die Aufheizung der Kühlflüssigkeit steht dementsprechend weniger thermische Energie zur Verfügung, so dass sich die Austrittstemperatur des Kühlmittels nach Durchlaufen des Generatorsystems 2 nur bei $88.59°C$ liegt. Entsprechend des beim Generatorsystem 1 angeführten Vorschlags kann jedoch auch hier der auftretende Temperaturunterschied durch die Nutzung der im Abgasstrom bei $180°C$ verbleibenden thermischen Energie kompensiert werden, so dass durch den Einsatz des thermoelektrischen Generatorsystems 2 eine verlustfreie Steigerung der mit dem Block-Heiz-Kraft-Werk erzeugten elektrischen Energie auf insgesamt 258.05 kW möglich ist.

System 3: Teilweise segmentierte Schenkel, neue und gängige Halbleitermaterialien

Bei der Durchführung der Simulationen für das dritte betrachtete Generatorsystem, dessen segmentierte und unsegmentierte Halbleiterschenkel aus gängigen und neuen thermoelektrischen Materialien bestanden, ergaben sich die in Tabelle 6.11 aufgeführten Werte für die Schenkellänge bzw. die Querschnittsfläche sowie die relative Stromdichte und die an den jeweiligen Segmenten auftretenden Temperaturen.

Auch hier lässt die Tabelle die individuelle Anpassung der eingesetzten Schenkelgeometrien an die vorliegenden Randbedingungen erkennen und zeigt, dass die in den einzelnen Halbleitersegmenten auftretenden Werte der relativen Stromdichte nur geringfügig voneinander abweichen. Für die Ermittlung dieser Werte wurden erneut die berechneten Werte des reduzierten Wirkungsgrades η_R über der relativen Stromdichte u aufgetragen und ein geeigneter Wert für eine effiziente Umwandlung der thermischen in elektrische Energie identifiziert.

In Abbildung 6.12 sind die entsprechenden Grafiken für die Temperaturbereiche I (Abbildung a) und II (Abbildung b) dargestellt, wobei auch hier die in der Simulation im segmentierten Halbleiterschenkel auftretende relative Stromdichte durch eine gestrichelte Linie gekennzeichnet ist.

Die Abbildung zeigt, dass die Identifizierung einer für alle eingesetzten Halbleitermaterialien geeigneten relativen Stromdichte umso komplizierter wird, je mehr unter-

	Bereich I	Bereich II	Bereich III
	$CeFe_4Sb/Zn_4Sb_3/Bi_2Te_3$	Zn_4Sb_3/Bi_2Te_3	Bi_2Te_3
L $[mm]$	2.00/2.90/3.70	2.70/3.50	2.30
A $[mm^2]$	6.25	6.25	6.25
u $[1/V]$	4.36/4.31/4.38	4.15/4.09	-
ϑ_{Warm} $[°C]$	471.45	341.261	215.31
ϑ_{IF1} $[°C]$	424.17	183.931	-
ϑ_{IF2} $[°C]$	214.34	-	-
ϑ_{Kalt} $[°C]$	85.80	85.45	82.43

Tabelle 6.11: Charakteristische Daten des Systems mit segmentierten und unsegmentierten Halbleiterschenkeln bestehend aus gängigen und neuen thermoelektrischen Materialien

schiedliche Halbleitersegmente in den Schenkeln eingesetzt werden. So ist zu erkennen, dass die erreichbaren Maxima des reduzierten Wirkungsgrades für die im Hochtemperaturbereich verwendeten Materialien bei unterschiedlichen Werten der relativen Stromdichte auftreten. Während für die Seltenerdverbindung der maximale Wirkungsgrad η_R = 15.7% bei einer relativen Stromdichte von u = 3.24 1/V auftritt, kann das entsprechende Maximum η_R = 18.6% des Zinkantimonids bei u = 4.15 1/V und der maximale Wirkungsgrad η_R = 16.9% des Wismuttellurids bei u = 4.74 1/V verzeichnet werden. Für die in der Simulation verwendete relative Stromdichte u = 4.35 1/V liegt die Gesamteffizienz des segmentierten Halbleiterschenkels aufgrund dieser relativ großen Unterschiede bei 16.2% und damit um 0.3 Prozentpunkte unter dem reduzierten Wirkungsgrad des aus Bleitellurid und Wismuttellurid bestehenden Schenkels.

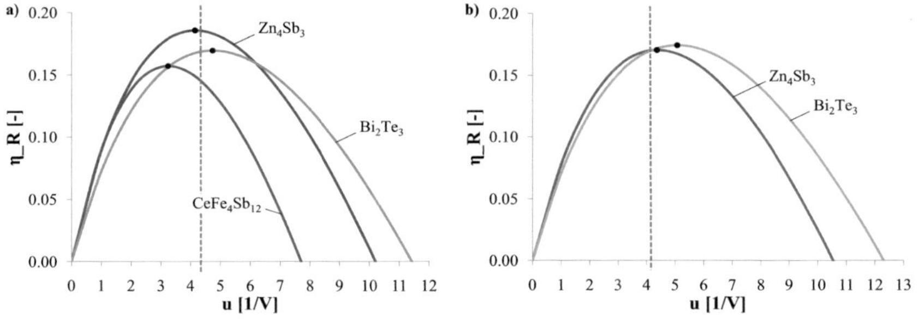

Abbildung 6.12: Auftragung des reduzierten Wirkungsgrades über der relativen Stromdichte für die in den Temperaturzonen I (Abbildung a) und II (Abbildung b) des Generatorsystems 3 verwendeten Halbleitermaterialien

Für den Temperaturbereich II weist die Darstellung der reduzierten Wirkungsgrade in Abhängigkeit von der relativen Stromdichte bei u = 4.15 1/V einen Schnittpunkt der beiden Kurvenverläufe auf, welcher nahe an den auftretenden Maxima der reduzierten Wirkungsgrade liegt. Da die eingesetzten thermoelektrischen Materialien Zinkantimonid und Wismuttellurid für die vorgegebenen Randbedingungen sehr ähnliche Maxima von 17.04 bzw. 17.43% bei einer relativen Stromdichte von 4.37 1/V bzw. 5.08 1/V aufweisen, wird in der Simulation für den segmentierten Schenkel der bei der relativen Stromdichte u = 4.1 1/V auftretende reduzierte Gesamtwirkungsgrad von $\eta_R = 17.0\%$ verwendet.

Unter diesen Randbedingungen können die in Tabelle 6.12 aufgeführten Ergebnisse für die an den Modulen auftretenden Spannungen U und Stromstärken I sowie der von den Generatoren aufgenommenen Wärmeströme $\dot{Q}_{Warm}$, der erbrachten elektrischen Leistungen P_{el} und der resultierenden Modulwirkungsgrade η erzielt werden.

	Bereich I $CeFe_4Sb/Zn_4Sb_3/Bi_2Te_3$	Bereich II Zn_4Sb_3/Bi_2Te_3	Bereich III Bi_2Te_3
U $[V]$	8.07	5.48	2.88
I $[A]$	1.25	0.99	1.68
P_{el} $[W]$	10.94	5.45	4.85
$\dot{Q}_{Warm}$ $[W]$	128.85	71.90	111.40
η [%]	8.49	7.58	4.35

Tabelle 6.12: Simulationsergebisse für das System mit segmentierten und unsegmentierten Halbleiterschenkeln bestehend aus gängigen und neuen thermoelektrischen Materialien

Während im dritten Temperaturbereich aufgrund der unveränderten Schenkelgeometrien, Halbleitermaterialien und Randbedingungen dieselben Ergebnisse wie in den beiden vorherigen Generatorsystemen erzielt wurden, unterscheiden sich die für die Temperaturbereiche I und II angeführten Werte von denen der durch das Generatorsystem 1 bzw. 2 erbrachten Resultate. Anhand der Tabelle ist zu sehen, dass es in diesem Generatorsystem mit sinkender Temperaturdifferenz zu einer Abnahme der am thermoelektrischen Modul anliegenden Spannung kommt und auch die von den Modulen erbrachte elektrische Leistung eine Abnahme der Werte mit sinkenden Temperaturen aufweist. Für die elektrische Stromstärke sowie die auf der warmen Seite der Module aufgenommenen Wärmestrome ist keine Abhängigkeit von den aufgeprägten Temperaturen erkennbar, so dass die im zweiten Temperaturbereich erzielten Werte deutlich unterhalb der in den anderen Bereichen auftretenden Werte liegen. Dies hat zur Folge, dass auch die resultierenden Modulwirkungsgrade zu geringen Temperaturdifferenzen hin abnehmen.

Der Vergleich der in den Tabellen 6.9 und 6.12 zusammengestellten Wirkungsgrade lässt erkennen, dass die im ersten Temperaturbereich eingesetzten segmentierten Halbleiterschenkel, welche aus einer Seltenerdverbindung sowie Zinkantimonid und Wismuttellurid zusammengesetzt sind, keine signifikante Wirkungsgradsteigerung hervorrufen können. Aufgrund der Tatsache, dass die Ermittlung einer geeigneten relativen Stromdichte in diesem Fall deutlich schwieriger war und der resultierende reduzierte Wirkungsgrad des Schenkels etwas geringer ausfiel als bei der Bleitellurid-Wismuttellurid-Kombination, kommt es sogar zu einer Verringerung des Modulwirkungsgrades um 0.12 Prozentpunkte.

Im Gegensatz dazu kann im zweiten Temperaturbereich eine Steigerung des Modulwirkungsgrades durch die Verwendung der Materialkombination Zinkantimonid/Wismuttellurid erzielt werden. Die Substitution der Bleitellurid-Wismuttellurid-Schenkel durch Zinkantimonid-Wismuttellurid-Schenkel führt zu einem deutlichen Anstieg des Wirkungsgrades, welcher auf 7.58% verbessert werden kann.

Durch die Vergrößerung des thermoelektrischen Systems auf die Abmessungen 1.30 m * 0.25 m * 0.30 m (Länge * Breite * Höhe) kann auch für das dritte betrachtete Generatorsystem die Verwendung der im herkömmlichen Abgas-Wärmetauscher eingesetzten Massenströme realisiert werden.

Die unter diesen Bedingungen in den drei Generatorteilsystemen erzeugte elektrische Leistung P_{el} ist in Tabelle 6.13 aufgeführt, zusammen mit den vom Abgasmassenstrom zur Verfügung gestellten Wärmeströmen $\dot{Q}_{Abgas}$ (berechnet nach Gl. 6.3) und den in der Berechnung verwendeten Modulwirkungsgraden η.

	Bereich I $CeFe_4Sb/Zn_4Sb_3/Bi_2Te_3$	Bereich II Zn_4Sb_3/Bi_2Te_3	Bereich III Bi_2Te_3
$\dot{Q}_{Abgas}$ $[kW]$	35.49	62.10	27.50
η [%]	8.49	7.58	4.35
P_{el} $[kW]$	3.01	4.71	1.19

Tabelle 6.13: Zusammenstellung der im Generatorsystem 3 in den einzelnen Temperaturbereichen erzielten elektrischen Leistung in Abhängigkeit vom Modulwirkungsgrad und der zur Verfügung gestellten thermischen Energie

Anhand der Tabelle ist zu sehen, dass im Temperaturbereich I und III aufgrund der annähernd identischen Wirkungsgrade nahezu dieselbe elektrische Energie erzeugt wird, wie im Generatorsystem 2. In Temperaturbereich II steigt die Menge an thermischer Energie, welche in elektrische Energie umgewandelt werden kann, gemäß des in diesem Bereich verbesserten Wirkungsgrades auf 4.71 kW an. Die mit dem thermoelektrischen Generatorsystem 3 erzeugte elektrische Leistung beträgt somit 8.92 kW, weswegen sich der Wirkungsgrad des Gesamtsystems - unter Berücksichtigung des vom Abgas bereitgestellten Gesamtwärmestroms von 125 kW - auf 7.13% beläuft.

Dementsprechend beträgt die Austrittstemperatur des Kühlmittels nach Durchlaufen des thermoelektrischen Generators statt der im konventionellen Abgas-Wärmetauscher realisierten 90°C nur noch 88.53°C, so dass auch hier die durch den Einsatz des thermoelektrischen Generatorsystems entstandene Temperaturdifferenz durch einen zweiten, nachgeschalteten Abgas-Wärmetauscher ausgeglichen werden muß. Dadurch können wiederum Wirkungsgradverluste von anderen, bereits bestehenden Systemen vermieden und die vom Block-Heiz-Kraft-Werk erzeugte elektrische Energie auf knapp 259 kW gesteigert werden.

Anhand dieser Ergebnisse ist zu erkennen, dass ein thermoelektrisches Generatorsystem in der Lage ist, die im Abgas des Zündstrahlmotors vorhandene thermische Energie zu nutzen und ein effizientes Konzept zur Steigerung der von Block-Heiz-Kraft-Werken erzeugten elektrischen Leistungen darstellt.

Der Einsatz segmentierter Halbleiterschenkel zur Anpassung des Generatorsystems an die vorherrschenden Bedingungen ist sinnvoll, erweist sich bzgl. der erreichten Modulwirkungsgrade jedoch nicht in allen Fällen als beste Lösung. Vor allem in dem betrachteten Hochtemperaturbereich konnte durch die aufwendige Schenkelsegmentierung nur eine vernachlässigbare Steigerung der Moduleffizienz erzielt werden, so dass in diesem Fall der Einsatz von herkömmlichen Bleitellurid-Modulen vorzuziehen ist.

7 Zusammenfassung und Ausblick

In der vorliegenden Arbeit wurde eine detaillierte Analyse thermoelektrischer Module durchgeführt, wobei sowohl theoretische Überlegungen als auch experimentelle Untersuchungen in diese Betrachtung einbezogen wurden. Detaillierte Modelle für die Anwendung als thermoelektrische Wärmepumpe und den Einsatz als thermoelektrischer Generator sowie die Implementierung derselben unter der objektorientierten Modellierungssprache Dymola/Modelica wurden vorgestellt und ihre Anwendbarkeit in Systemsimulationen demonstriert.

In diesem Kapitel werden die in der ganzheitlichen Analyse und der exemplarischen Systembetrachtung gewonnenen Ergebnisse zusammengefasst, im Anschluß daran wird ein Ausblick auf zukünftige, weiterführende Arbeiten gegeben.

7.1 Zusammenfassung der wesentlichen Ergebnisse

Um die Haltbarkeit des in Simulationen thermoelektrischer Systeme größtenteils verwendeten Konstant-Parameter-Ansatzes zu überprüfen und die Abweichungen zu exakten Berechnungen mit temperaturabhängigen Parametern aufzuzeigen, wurden Berechnungen mit konstanten und temperaturabhängigen Materialparametern durchgeführt und die erzielten Ergebnisse miteinander verglichen. Der Vergleich der beiden Ansätze ließ erkennen, dass die jeweiligen Ergebnisse der am thermoelektrischen Modul auftretenden Wärmeströme eine maximale Abweichung von 3.4 Prozent voneinander aufweisen, sowohl für die Betriebsart als thermoelektrische Wärmepumpe als auch für den Einsatz als thermoelektrischer Generator. Die komplexen Berechnungen mit temperaturabhängigen Materialparametern können somit problemlos durch die einfachere Berechnung mit konstanten Parametern ersetzt werden, ohne dass ein Genauigkeitsverlust hinsichtlich der erzielten Resultate in Kauf genommen werden muss.

Auf Grundlage dieses Ergebnisses wurde ein detailliertes Modell eines thermoelektrischen Moduls erstellt, welches sowohl zum Einsatz in der Energierückgewinnung als auch für Heiz- und Kühlanwendungen geeignet ist und neben den geometrischen Eigenschaften auch die thermischen und elektrischen Widerstände der einzelnen Modulkomponenten Halbleitermaterial, Lot, Kupferverbindung und Isolator berücksichtigt. Zusätzlich wurde das Modell, dem derzeitigen Trend hinsichtlich thermoelektrischer

Generatoren Rechnung tragend, mit der Möglichkeit zur Segmentierung der Halbleiterschenkel und der Anbindung an eine entsprechende Materialbibliothek versehen.

Um mit Hilfe dieses ganzheitlichen Modells das Potential thermoelektrischer Systeme bewerten zu können, musste das Modell mit anwendungsspezifischen Wärmesenken bzw. -quellen verbunden und unter Zuhilfenahme experimenteller Daten validiert werden. Die Aufnahme dieser Daten erfolgte unter definierten Randbedingungen an eigens dafür aufgebauten Prototypen, wobei drei unterschiedliche Aufbauten für die Vermessung der Module hinsichtlich des Einsatzes als Wärmepumpe sowie ein Aufbau für die experimentelle Untersuchung thermoelektrischer Generatormodule verwendet wurden.

Anhand dieser Daten konnten die charakteristischen Modellparameter identifiziert und die einzelnen Simulationsmodelle an die Messergebnisse angepasst werden. Dabei trat zwischen den experimentellen Daten und den Simulationsergebnissen eine maximale Abweichung von vier Prozent auf, so dass die Validierung der Modelle als sehr gut bezeichnet werden kann.

Zur Demonstration der Anwendbarkeit dieser Simulationsmodelle, wurde sowohl für die thermoelektrische Wärmepumpe als auch für den thermoelektrischen Generator jeweils eine exemplarische Systemsimulation in einem repräsentativen Einsatzbereich durchgeführt. Die Auswahl der Einsatzszenarien erfolgte dabei unter dem Aspekt, die Vielfältigkeit und das breite Anwendungspotential thermoelektrischer Systeme fernab von Nischenanwendungen oder dem zur Zeit intensiv diskutierten Einsatz im Fahrzeug darzustellen.

Im Zuge dessen wurde das Potential der thermoelektrischen Wärmepumpe in einem Kondensationswäschetrockner untersucht, wobei die Simulationsrechnungen für ein entsprechendes thermoelektrisches System jedoch zeigten, dass die Substituierung einer konventionellen, kältemittelbetriebenen Wärmepumpe durch eine einfache thermoelektrische Wärmepumpe nicht möglich ist. Die Kombination der thermoelektrischen Wärmepumpe mit einem inneren Wärmeübertrager ergab hingegen ein thermoelektrisches System, welches in der Lage ist, unter Randbedingungen zu arbeiten, wie sie in einem typischen Trocknungsprozess vorliegen, und für diesen Anwendungsbereich eine effiziente Alternative zu konventionellen Wärmepumpen darstellt.

Für den Einsatz des thermoelektrischen Generators wurde das Block-Heiz-Kraft-Werk einer Biogasanlage ausgewählt, in welchem der Generator in den Abgasstrang integriert wurde, um Teile der im Abgas vorhandenen thermischen Energie in elektrische Energie umzuwandeln. Dabei wurden drei verschiedene Generatorensysteme betrachtet und durch die Verwendung geeigneter, temperaturfester Materialien und segmentierter Halbleiterschenkel an die vorherrschenden Temperaturbedingungen angepasst. Die Ergebnisse der durchgeführten Simulationen zeigen, dass die vom Block-Heiz-Kraft-Werk der Biogasanlage erzeugte elektrische Energie durch den Einsatz des thermoelektrischen Generators um bis zu 8.9 kW erhöht werden kann. Allerdings wurde auch gezeigt, dass eine Segmentierung der Halbleiterschenkel nicht zwangsläufig zu einer Steigerung der Energieeffizienz führt, so dass die Verwendung herkömmlicher, unsegmentierter Hochtemperaturmaterialien in diesen Fällen vorzuziehen ist.

7.2 Ausblick

Mit dem in dieser Arbeit vorgestellten Modell sind weiterführende Aussagen über das Zusammenspiel der in einem thermoelektrischen Modul verbauten Komponenten und die Eignung der darin eingesetzten Materialien möglich.

Vor allem im Hinblick auf die Verwendung von thermoelektrischen Elementen außerhalb der etablierten Nischenanwendungen ist die Optimierung der Module bezüglich der vorherrschenden Betriebsbedingungen zwingend erforderlich. Um dies zu gewährleisten ist neben der Anbindung an eine Materialdatenbibliothek, die Kopplung des Simulationsmodells an entsprechende Bibliotheken mit charakteristischen Daten für Lotverbindungen, elektrisch leitende Materialien und Isolationsmaterialien unumgänglich.

Für eine fundierte Optimierung thermoelektrischer Systeme ist zudem die Überprüfung der Module unter dem Aspekt ihrer Zyklenfestigkeit interessant, was den Anschluss an eine Simulation zur thermomechanischen Belastungsanalyse notwendig macht. Durch eine solche Analyse ist die Identifikation von Spannungsspitzen und Spannungsbelastungen möglich, welche durch die an den Bauteilen auftretenden Temperaturdifferenzen und die unterschiedlichen thermischen Ausdehnungskoeffizienten der Materialien hervorgerufen werden. Nur so kann gewährleistet werden, dass die optimierten Module sowohl hinsichtlich ihrer Effizienz als auch in Bezug auf ihre thermomechanische Belastbarkeit auf anwendungsspezifische Randbedingungen abgestimmt sind und eine dementsprechend hohe Lebensdauer aufweisen.

Die Kombination von Experiment und detaillierten Modellen, implementiert in verschiedene Simulationsprogramme, ist somit eine notwendige Voraussetzung, um die Fertigung optimierter thermoelektrischer Module zu beschleunigen und den Einsatzbereich thermoelektrischer Systeme in der Zukunft signifikant zu vergrößern.

Literaturverzeichnis

[1] S. B. Riffat, X. Ma: Thermoelectrics - A Review of Present and Potential Applications, *Applied Thermal Engineering* 23 (2003), S. 913 - 935

[2] B. Poudel, et al.: High Thermoelectric Performance of Nanostructure Bismuth Antimony Telluride Bulk Alloys, *Science Magazine* 320 (5876) (2008), S. 634 - 638

[3] G. Chen, et al.: Recent Developments in Thermoelectric Materials, *International Materials Reviews* 48 (1) (2003), S. 45 - 66

[4] H. Zellbeck, et al.: Potenziale und Möglichkeiten zur effizienten Verlustwärmenutzung, in: D. Jaensch (Ed.), Thermoelektrik, Expert Verlag, Renningen, 2008

[5] C. S. Junior, et al.: Modeling a Thermoelectric HVAC System for Automobiles, *Journal of Electronic Materials* 38 (7) (2009), S. 1093 - 1097

[6] M. Cosnier, G. Fraisse, L. Luo: An experimental and numerical study of a thermoelectric air-cooling and air-heating system, *International Journal of Refrigeration* 31 (2008), S. 1051 - 1062

[7] R. D. Harvey, D. G. Walker, K. D. Frampton: Enhancing performance of thermoelectric coolers through the application of distributed control, *IEEE Transactions on Components and Packaging Technologies* 30 (2) (2007), S. 330 - 336

[8] E. W. Miller, T. J. Hendricks, R. B. Peterson: Modeling Energy Recovery Using Thermoelectric Conversion Integrated with an Organic Rankine Bottoming Cycle, *Journal of Electronic Materials* 38 (7) (2009), S. 915 - 1520

[9] N.M. Khattab, E.T. El Shenawy: Optimal operation of thermoelectric cooler driven by solar thermoelectric generator, *Energy Conversion and Management* 47 (2006), S. 407 - 426

[10] D. Pramanick: Constructal design of a thermoelectric device, *International Journal of Heat and Mass Transfer* 49 (2006), S. 1420 - 1429

[11] M. Chen, et al.: Constructal design of a thermoelectric device - Comments, *International Journal of Heat and Mass Transfer* 51 (2008), S. 973 - 976

[12] G. Min, D.M. Rowe: Improved model for calculating the coefficient of performance of a Peltier module, *Energy Conversion and Management* 41 (2000), S. 163 - 171

[13] X.C. Xuan: Investigation of thermal contact effect on thermoelectric coolers, *Energy Conversion and Management* 44 (2003), S. 399 - 410

[14] A.M. Pettes, et al.: Impact of Contact Resistances on the Low-Dimensional Scaling of Thermoelectric Energy Conversion Devices, *Proceedings of the 26th International Conference on Thermoelectrics*, Jeju, 2007, S. 283 - 289

[15] A. M. Pettes, M. S. Hodes, K. E. Goodson: Optimized Thermoelectric Refrigeration in the Presence of Thermal Boundary Resistance, *Transactions on Advanced Packaging* 32 (2) (2009), S. 1 - 8

[16] M. Stelter, M. Kusnezoff, U. Partsch: Aufbau und Verbindungstechnik für thermoelektrische Generatoren, in: D. Jaensch (Ed.), Thermoelektrik, Expert Verlag, Renningen, 2008

[17] D. T. Crane, D. Kossakovski, L. E. Bell: Modeling the Building Blocks of a Ten Percent Efficient Segmented Thermoelectric Power Generator, *Journal of Electronic Materials* 38 (7) (2009), S. 1382 - 1386

[18] G. J. Snyder, T. S. Ursell: Thermoelectric Efficiency and Compatibility, *Physical Review Letters* 91 (14) (2003), 148301

[19] C. C. Richter: Proposal of New Object-Oriented Equation-Based Model Libraries for Thermodynamic Systems, *Dissertation*, Technische Universität Braunschweig, Institut für Thermodynamik, 2008

[20] C. Junior, et al.: Modeling and Simulation of a Thermoelectric Heat Exchanger using the Object-Oriented Library TIL, *Proceedings of the 6th International Modelica Conference*, Bielefeld, 2008, S.

[21] T. Reichenbacher: Grundlagenuntersuchung zur Modellierung thermoelektrischer Module, *Diplomarbeit*, Technische Universität Braunschweig, Institut für Thermodynamik, 2009

[22] P. Prenninger, et al.: Thermo-Electric-Materials with Better Efficiencies and Lower Costs: A Contradiction?, in: D. Jaensch (Ed.), Thermoelektrik, Expert Verlag, Renningen, 2008

[23] G. J. Snyder, E. S. Toberer: Complex thermoelectric materials, *Nature Materials* 7 (2008)

[24] H. J. Golsmid: Introduction to Thermoelectricity, Springer Series in Material Sciences, Springer-Verlag Berlin Heidelberg, 2010

[25] T. M. Tritt, et al.: Thermoelectric Materials, Phenomena, and Applications: A Bird's Eye View, *MRS Bulletin* 31 (2006)

[26] M. S. Dresselhaus, et al.: New Composite Thermoelectric Materials for Energy Harvesting Applications, *JOM Journal of the Minerals, Metals and Materials Society* 61 (4) (2009)

[27] L. Onsager: Reciprocal Relations in Irreversible Processes, *Physical Review* 37 (1931), S. 405 - 426

[28] T. P. Hogan, T. Shih: Modeling and Characterization of Power Generation Modules Based on Bulk Materials, in: D. M. Rowe (Ed.), Thermoelectrics handbook: macro to nano, CRC Press, Taylor & Francis Group, 2006

[29] W. Seifert, et al.: One-dimensional modelling of thermoelectric cooling, *Physica Status Solidi A* 194 (1) (2002), S. 277 - 290

[30] melcor, *Thermoelectric Handbook*, www.melcor.com

[31] D. G. Ebeling, et al.: Module geometry and contact resistance of thermoelectric generators analysed by multiphysics simulation, *Proceedings of the 28th International Conference on Thermoelectrics*, Freiburg, 2009

[32] A. M. Pettes, et al.: Impact of Contact Resistances on the Low-Dimensional Scaling of Thermoelectric Energy Conversion Devices, *Proceedings of the 26th International Conference on Thermoelectrics*, 2007

[33] M. Stelter, et al.: Aufbau und Verbindungstechnik für thermoelektrische Generatoren, in: D. Jaensch (Ed.), Thermoelektrik, Expert Verlag, Renningen, 2008

[34] G. S. Nolas, et al.: Thermoelectrics: Basic Principles and New Materials Development, *Springer Verlag*, Heidelberg, 2001

[35] Y. S. Jua, U. Goshal: Study of interface effects in thermoelectric microrefrigerators, *Journal of Applied Physics* 88 (7) (2000), S. 4135 - 4139

[36] U. Fischer, et al.: Tabellenbuch Metall, Verlag Europa-Lehrmittel, Haan-Gruiten, 2008

[37] Verband der keramischen Industrie, Datenblatt Aluminiumoxid 92%, www.keramverband.de

[38] P. Prenninger, P. F. Rogl, A. Grytsiv: Thermoelectric Generator for Converting Thermal Energy to Electrical Energy, *WO 002008155406 A2*, 2008

[39] L. N. Vikhor, L. I. Anatchuk: Theoretical evaluation of maximum temperature difference in segmented thermoelectric coolers, *Applied Thermal Engineering* 26 (2006), S. 1692 - 1696

[40] J. LaGrandeur, et al.: Automotive Waste Heat Conversion to Electric Power Using Skutterudite, TAGs, PbTe, and BiTe, *Proceedings of the 25th International Conference on Thermoelectrics*, Wien, Österreich, 2006

[41] T. S. Ursell, G.J. Snyder: Compatibility of Segmented Thermoelectric Generators, *Proceedings of the 21th International Conference on Thermoelectrics*, New York, USA, 2002

[42] J. Sharp, et al.: Electrical Resistivity and Seebeck Coefficient of Segmented Thermoelements, *Proceedings of the 25th International Conference on Thermoelectrics*, Vienna, Austria, 2006

[43] W. Tegethoff: Eine objektorientierte Simulationsplattform für Kälte-, Klima- und Wärmepumpensysteme, *VDI-Fortschritt-Bericht*, Reihe 19 (118), VDI Verlag, Düsseldorf, 1999

[44] R. Kossel: Objektorientierte Modellierung von Wärmeübertragern in Modelica, *Studienarbeit*, Technische Universität Braunschweig, Institut für Thermodynamik, 2005

[45] N. Lemke: Untersuchung zweistufiger Flüssigkeitskühler mit dem Kältemittel CO_2, *Dissertation*, Technische Universität Braunschweig, Institut für Thermodynamik, 2005

[46] P.K. Bansal, J.E. Braun, E.A. Groll: Improving the energy efficiency of conventional tumbler clothes drying systems, *International Journal of Energy Resarch*, 25, 2001, S.1315-1332

[47] L. Paladre, D. Clodic: Comparison of heat pump dryer and mechanical steam compression dryer, *International Congress of Refrigeration*, Washington, D.C., USA, 2003

[48] K. Klöckner: Experimentelle Untersuchung und energetische Bewertung eines gewerblichen Wärmepumpen-Wäschetrockners mit dem natürlichen Arbeitsstoff CO_2, *Forschungsbericht des Deutschen Kälte- und Klimatechnischen Vereins*, 63, 2001

[49] BSH Bosch und Siemens Hausgeräte: Tumble Dryer With Peltier Heat Pump, *Patent WO 00207071536 A1*, 2007

[50] BSH Bosch und Siemens Hausgeräte: Domestic appliance comprising a thermoelectric heat pump, *Patent WO 002007068588 A1*, 2007

[51] T. Blum: Wäschetrockner, *Patent EP 000001342828 B1*, 2003

[52] LG Electronics: Drum washing machine and clothes dryer using peltier thermoelectric module, *Patent US 000007526879 B2*, 2009

[53] M. Bockholt: Dynamische Optimierung von mobilen CO_2-Klimaanlagen mit innovativen Komponenten, *Dissertation*, Technische Universität Braunschweig, Institut für Thermodynamik, 2009

[54] Gesetz für den Vorrang Erneuerbarer Energien (Erneuerbare-Energien-Gesetz - EEG), Bundesministerium für Justiz, www.bundesrecht.juris.de/$eeg_2$009

[55] W. Schulz, S. Heitmann: Verwertung von Wärmeüberschüssen bei landwirtschaftlichen Biogasanlagen, *Leitfaden*, Fachagentur Nachwachsende Rohstoffe e.V., 2007

[56] D. Biernath: Brennholztrocknung mit der Biogasanlage, *Energie Pflanzen*, II, 2006, S. 32 - 33

[57] P. Soltic, D. Edenhauser, A. Winkler: Energetische Optimierung von Biogas-BHKWs, *Abschlussbericht*, Eidgenössisches Departement für Umwelt, Verkehr, Energie und Kommunikation, Bundesamt für Energie, 2008

[58] Biogasgewinnung und -nutzung, *Handreichung*, Fachagentur Nachwachsende Rohstoffe e.V., 2006

[59] Schnell Zündstrahlmotoren AG & Co. KG, Email-Kontakt: W. Rauch, www.schnellmotor.de

[60] M. S. El-Genk, H. H. Saber: Modeling and Optimization of Segmented Thermoelectric Generators for Terrestrial and Space Applications, in: D. M. Rowe (Ed.), Thermoelectrics handbook: macro to nano, CRC Press, Taylor & Francis Group, 2006

[61] J. Mühlstein: Segensreicher Satellit, *Energie & Management*, BHKW-Markt, 2009

[62] Schnell Zündstrahlmotoren AG & Co. KG, Datenblatt für Biogas-Zündstrahlaggregate ES 1087 / ES 2507 / ES 2657, www.schnellmotor.de

Nomenklatur

Lateinische Buchstaben

A	Fläche	$[m^2]$
$Abgas$	Parameter bezogen aufs Abgas	
aus	Parameter am Austritt	
C	Wärmekapazität	$[kJ/K]$
c_p	spezifische isobare Wärmekapazität	$[kJ/kg \cdot K]$
c_v	spezifische isochore Wärmekapazität	$[kJ/kg \cdot K]$
eff	effektiv	
ein	Parameter am Eintritt	
el	elektrisch	
Gas	Parameter bezogen auf ein Gases	
Ges	Gesamt	
h	Enthalpie	$[kJ/kg]$
I	Stromstärke	$[A]$
$I_{opt,COP}$	optimale Stromstärke für maximalen COP	$[A]$
$I_{opt,\dot{Q}}$	optimale Stromstärke für maximale Kälteleistung	$[A]$
IF	Zwischenschicht	
$Isolator$	Parameter bezogen auf die Isolationsschicht	
j	elektrische Stromdichte	$[A/m^2]$
k	konstant	
K	Wärmeleitwert	$[W/K]$
$Kalt$	Eigenschaften bezogen auf niedrige Temperatur	
$Kleidung$	Parameter bezogen auf die Kleidung	
Ko	Kontakt	
$Komp$	Komponenten	
L	Länge	$[m]$
Lit	Literatur	
Lot	Parameter bezogen auf den Lotwerkstoff	

$Luft$	Parameter bezogen auf die Luft	
m	Masse	$[kg]$
M	Verhältnis zwischen Last- und Innenwiderstand	
max	Maximum	
min	Minimum	
n	Eigenschaften des n-dotierten Halbleiters	
N	Anzahl der thermoelektrischen Schenkelpaare	
$\dot{m}$	Massenstrom	$[kg/s]$
p	Eigenschaften des p-dotierten Halbleiters	
P_{el}	elektrische Leistung	$[W]$
$Pellet$	Parameter bezogen auf das Halbleiterpellet	
$\dot{q}$	Wärmestromdichte	$[W/m^2]$
$\dot{Q}$	Wärmestrom	$[W]$
$\dot{Q}_{Joule}$	Joulesche Wärme	$[W]$
$\dot{Q}_{Leitung}$	Wärmestrom aufgrund innerer Wärmeleitung	$[W]$
$\dot{Q}_{Peltier}$	Wärmestrom aufgrund des Peltier-Effektes	$[W]$
$\dot{Q}_{Str}$	Wärmestrahlung	$[W]$
R	elektrischer Widerstand	$[\Omega]$
R	thermischer Widerstand	$[K/W]$
R_{Innen}	Innenwiderstand	$[\Omega]$
$R_{Ko,el}$	elektrischer Kontaktwiderstand	$[\Omega \cdot m^2]$
$R_{Ko,th}$	thermischer Kontaktwiderstand	$[W \cdot m^2/K]$
R_{Last}	Lastwiderstand	$[\Omega]$
s	Kompatibilitätsfaktor	$[1/V]$
S	Seebeck-Koeffizient der gesamten N Halbleiterpaare	$[V/K]$
t	temperaturabhängig	
T	Temperatur	$[K]$
T_M	arithmetisches Mittel der Temperatur	$[K]$
th	thermisch	
ΔT	Temperaturdifferenz	$[K]$
u	relative Stromdichte	$[1/V]$
U	Spannung	$[V]$
U_{Last}	Spannung in Abhängigkeit vom Lastwiderstand	$[V]$
$U_{Seebeck}$	Seebeck oder Thermospannung	$[V]$
Umg	Umgebung	
$\dot{v}$	Volumenstrom	$[m^3/s]$
$Verbindung$	Parameter bezogen auf die Metallverbindung	
$Warm$	Eigenschaften bezogen auf hohe Temperatur	

$Wasser$	Parameter bezogen auf das Wasser	
x	Länge	$[m]$
x	Dampfgehalt	$[kg/kg]$
z	Gütefaktor eines Halbleiterschenkels	$[1/T]$
Z	Gütefaktor des thermoelektrischen Moduls	$[1/T]$
ZT	dimensionsloser Gütefaktor	$[-]$

Griechische Buchstaben

α	Seebeck-Koeffizient eines Halbleiterschenkels	$[V/K]$
α	Wärmeübergangskoeffizient	$[W/m^2 \cdot K]$
δ	Dicke	$[m]$
ϵ	Emissionsgrad	$[-]$
η	Wirkungsgrad	$[\%]$
η_C	Carnot-Wirkungsgrad	$[\%]$
η_{IHX}	Wirkungsgrad des internen Wärmeübertragers	$[\%]$
η_R	reduzierter Wirkungsgrad	$[\%]$
κ	Wärmeleitfähigkeit eines Halbleiterschenkels	$[W/m \cdot K]$
λ	thermische Leitfähigkeit	$[W/m \cdot K]$
μ	Thomson-Koeffizient	$[W/A \cdot K]$
φ	relative Feuchte	$[\%]$
Π	Peltier-Koeffizient	$[W/A]$
ρ	Dichte	$[kg/m^3]$
ρ	spezifischer elektrischer Widerstand eines Halbleiterschenkels	$[\Omega \cdot m]$
σ	elektrische Leitfähigkeit eines Halbleiterschenkels	$[1/\Omega \cdot m]$
σ	Stefan-Boltzmann-Konstante	$[W/m^2 \cdot K^4]$
ϑ	Temperatur	$[°C]$

Abkürzungen

$BHKW$	Block-Heiz-Kraft-Werk	
Bi_2Te_3	Wismuttellurid	
$CeFe_4Sb_{12}$	Cerantimonid-Verbindung	
CO_2	Kohlendioxid	
COP	Coefficient of Performance	$[-]$
$CoSb_3$	Kobaltantimonid	

EEG	Erneuerbare-Energien-Gesetz	
FL	Flüssigkeit	
$Halb - Heusler$	Halb-Heusler-Verbindung	
IHX	Internal Heat Exchanger	
KWP	Kompressionswärmepumpe	
L	Luft	
$PbTe$	Bleitellurid	
SEC	Specific Energy Consumption	$[kWh/kg_{Wasser}]$
$SiGe$	Siliziumgermanium	
TE	Thermoelektrik	
TEC	Thermal Expansion Coefficient	$[10^6/K]$
TR	Trocknungsrate	$[kg_{Wasser}/h]$
WP	Wärmepumpe	
Zn_4Sb_3	Zinkantimonid	

Anhang

A: Gaußsche Fehleranalyse für die thermoelektrische Luft-Luft- und Luft-Flüssigkeit-Wärmepumpe

In Kapitel 4.3 wird auf die Gaußsche Fehleranalyse für die thermoelektrische Luft-Luft- und Luft-Flüssigkeit-Wärmepumpe verwiesen, deren grafische Darstellung im Folgenden angeführt ist. Wie bereits erwähnt wurde, ist anhand der Abbildungen ersichtlich, dass die bei der Bilanzierung verwendeten Werte der Heizleistung und die entsprechenden Summen aus elektrischer Leistung und Kälteleistung für alle durchgeführten Messungen im Rahmen der angenommenen Messgenauigkeit liegen.

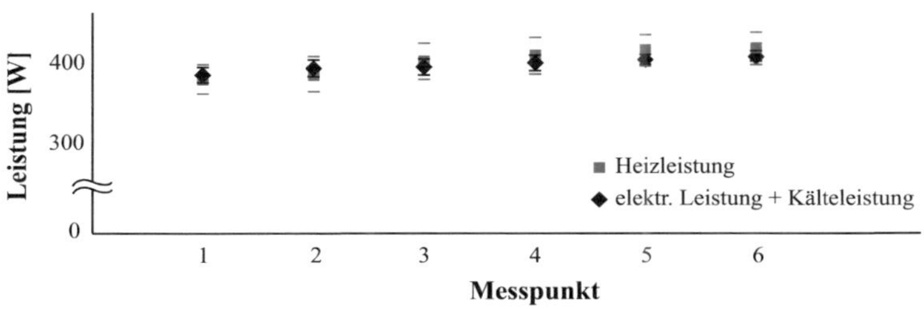

Abbildung 7.1: Grafische Darstellung der für die thermoelektrische Luft-Luft-Wärmepumpe durchgeführten Fehleranalyse

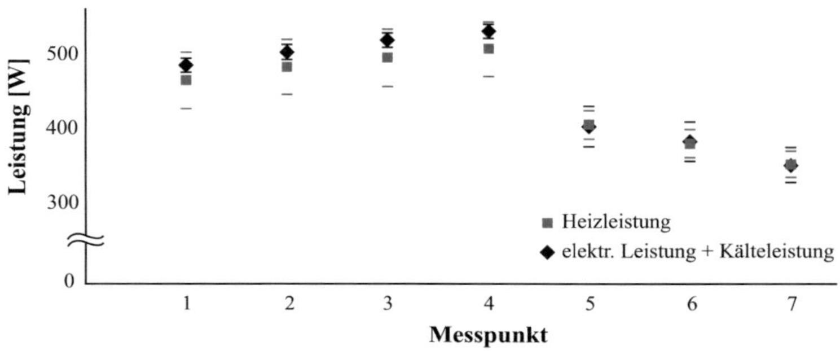

Abbildung 7.2: Grafische Darstellung der für die thermoelektrische Luft-Flüssigkeit-Wärmepumpe durchgeführten Fehleranalyse

B: Grafische Überprüfung der am thermoelektrischen Generator aufgenommenen Daten

In Kapitel 4.3 wird die grafische Überprüfung der am thermoelektrischen Generator aufgenommenen experimentellen Daten anhand der bei einer Temperaturdifferenz von $\Delta T = 50$ K erzielten Ergebnisse exemplarisch aufgezeigt. Die entsprechenden Darstellungen für die übrigen untersuchten Randbedingungen sind im Folgenden angeführt, wobei die Auftragungen der Messdaten ebenfalls eine sehr gute Übereinstimmungen zwischen den Datenpunkten und den eingefügten Trendlinien erkennen lassen.

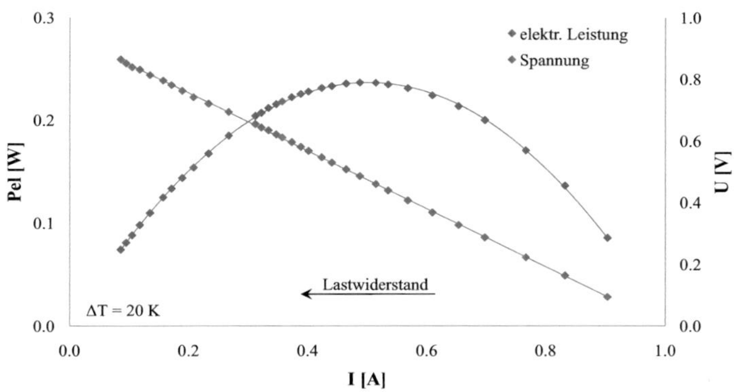

Abbildung 7.3: Grafische Überprüfung der am thermoelektrischen Generator für eine Temperaturdifferenz von $\Delta T = 20$ K aufgenommenen experimentellen Daten

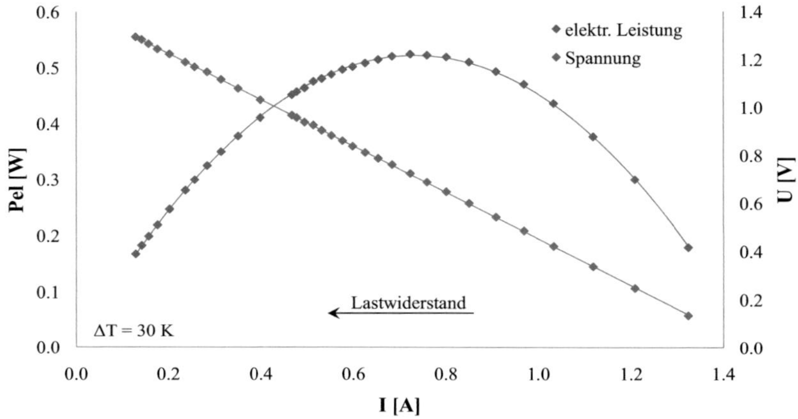

Abbildung 7.4: Grafische Überprüfung der am thermoelektrischen Generator für eine Temperaturdifferenz von $\Delta T = 30$ K aufgenommenen experimentellen Daten

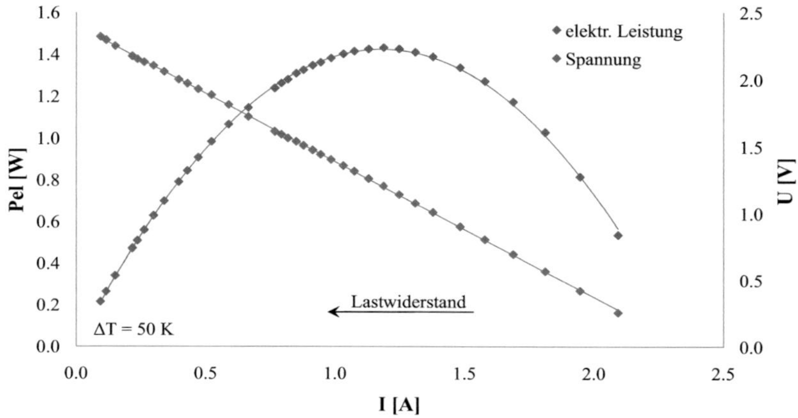

Abbildung 7.5: Grafische Überprüfung der am thermoelektrischen Generator für eine Temperaturdifferenz von $\Delta T = 50$ K aufgenommenen experimentellen Daten

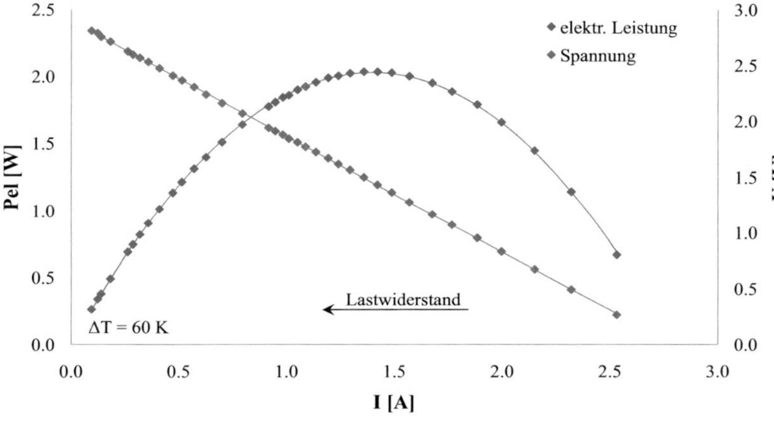

Abbildung 7.6: Grafische Überprüfung der am thermoelektrischen Generator für eine Temperaturdifferenz von $\Delta T = 60$ K aufgenommenen experimentellen Daten

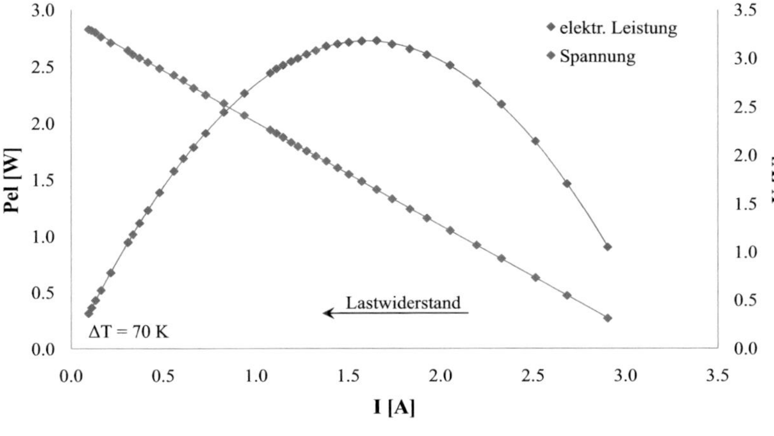

Abbildung 7.7: Grafische Überprüfung der am thermoelektrischen Generator für eine Temperaturdifferenz von $\Delta T = 70$ K aufgenommenen experimentellen Daten

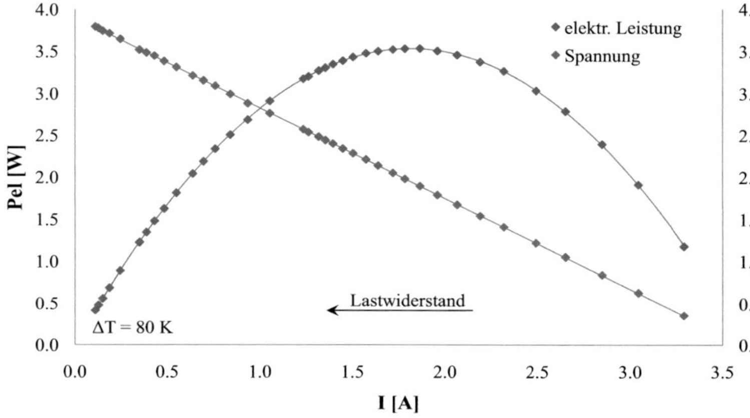

Abbildung 7.8: Grafische Überprüfung der am thermoelektrischen Generator für eine Temperaturdifferenz von $\Delta T = 80$ K aufgenommenen experimentellen Daten

C: Vergleich der am thermoelektrischen Generator aufgenommenen experimentellen Daten mit den Simulationsergebnissen

In Kapitel 5.2.2 werden die experimentellen und simulierten Werte des thermoelektrischen Generators für eine Temperaturdifferenz von $\Delta T = 50$ K gegenübergestellt. Die entsprechenden Darstellungen für die übrigen untersuchten Randbedingungen sind auf folgenden Seiten zu finden, aus den Abbildungen ist die sehr gute Übereinstimmung zwischen den experimentellen Daten und den Simulationsergebnissen ersichtlich.

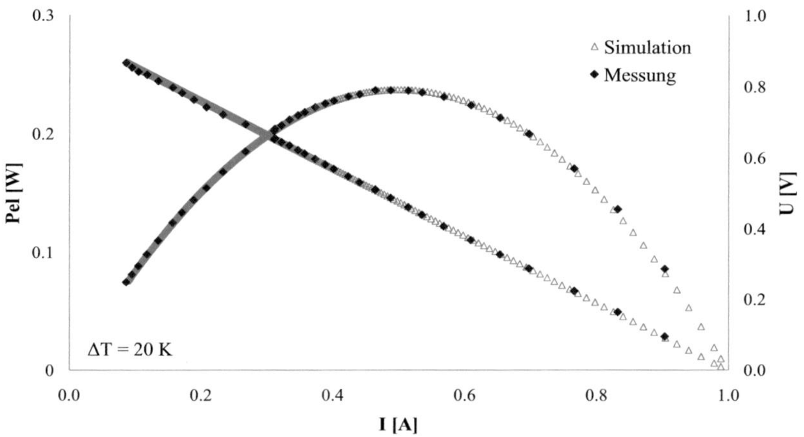

Abbildung 7.9: Gegenüberstellung der experimentellen Daten und Simulationsergebnisse für eine Temperaturdifferenz von 20 K

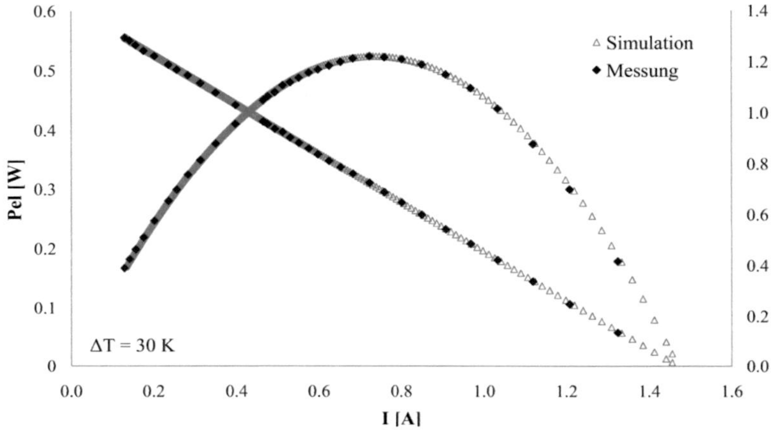

Abbildung 7.10: Gegenüberstellung der experimentellen Daten und Simulationsergebnisse für eine Temperaturdifferenz von 30 K

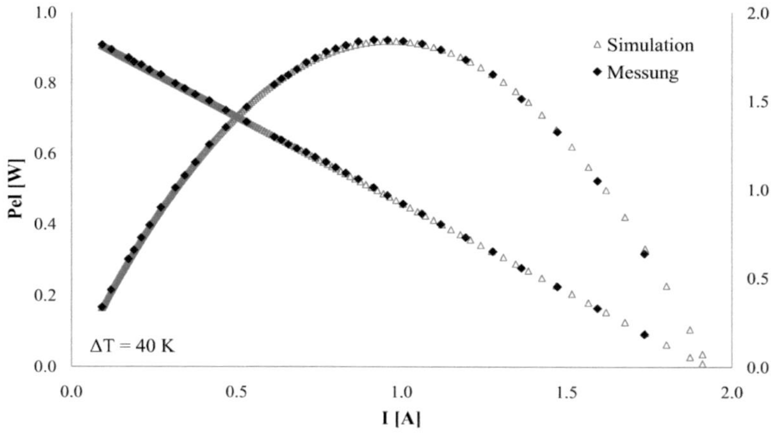

Abbildung 7.11: Gegenüberstellung der experimentellen Daten und Simulationsergebnisse für eine Temperaturdifferenz von 40 K

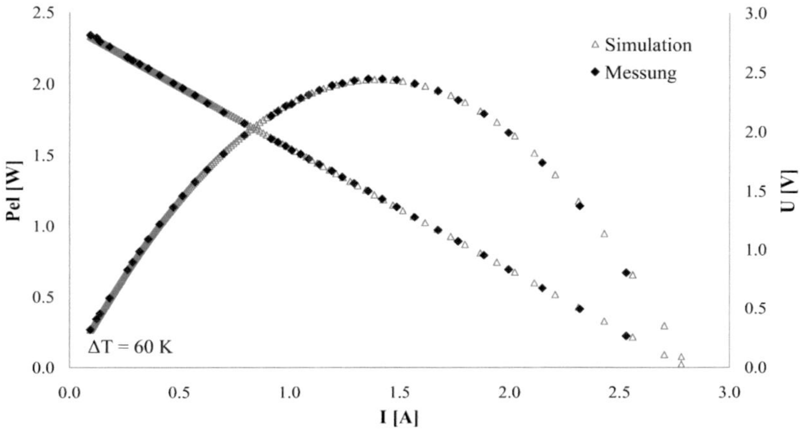

Abbildung 7.12: Gegenüberstellung der experimentellen Daten und Simulationsergebnisse für eine Temperaturdifferenz von 60 K

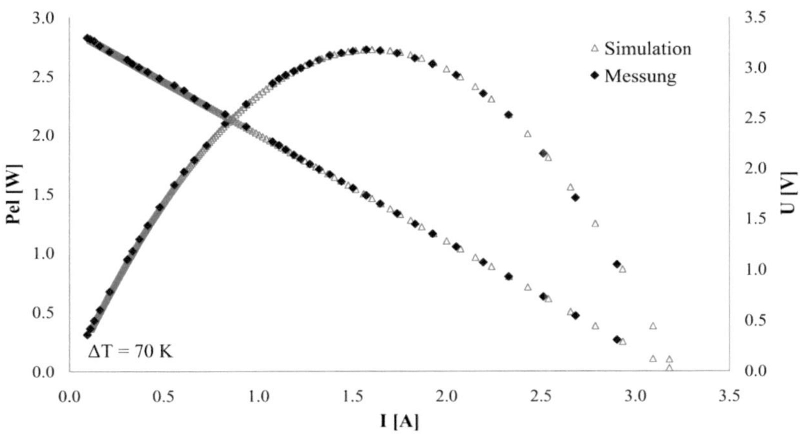

Abbildung 7.13: Gegenüberstellung der experimentellen Daten und Simulationsergebnisse für eine Temperaturdifferenz von 70 K

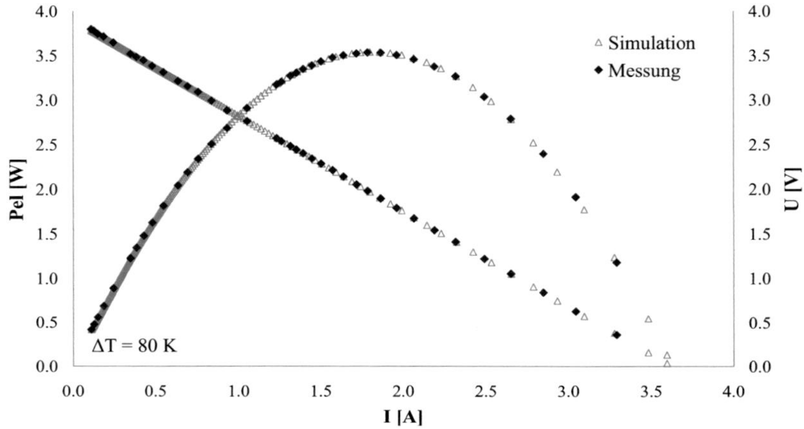

Abbildung 7.14: Gegenüberstellung der experimentellen Daten und Simulationsergebnisse für eine Temperaturdifferenz von 80 K